SPANNENDE & LUSTIGE FAKTEN

FÜR KIDS

COOLES ALLGEMEINWISSEN TO GO FÜR KINDER

WILLKOMMEN IN DER VERRÜCKTEN WELT DES WISSENS

LEONA JACOBS

DAS ABENTEUER BEGINNT

...UND GEHT WEITER

WILLKOMMEN AUF DEINER ENTDECKUNGSREISE

Wie schön, dass du hier bist! Auf dich warten coole Abenteuer und spannende Geschichten, die du hautnah erleben und mit Freude entdecken kannst. Du startest in der lustigen Tierwelt. Wusstest du, dass Ameisen die Bodybuilder des Tierreichs sind und Killerwale zu den cleversten Tieren der Welt gehören? In diesem Büchlein erfährst du außerdem, wie Bäume miteinander plaudern. Die Reise führt dich weiter zu gefährlichen Vulkanen und mysteriösen Wesen, die in der Natur umherstreifen sollen. Danach nehmen wir unseren Körper unter die Lupe. Kot, Schleim, Superhelden im Blut - faszinierende Phänomene zeigen, was für ein Meisterwerk unser Körper ist.

Während deiner Lesetour kommst du auch an Geschichten von Menschen vorbei, die mit Mut und Begeisterung besondere Dinge erreicht haben. Die Welt der Wissenschaft hat ebenso viele interessante Ereignisse zu bieten. Es geht zum Beispiel um fliegende Autos, den wertvollsten Computer und krasse Erfindungen, die unbeabsichtigt geschahen. Dann besuchst du abenteuerlustige Leute, die alleine um die Welt segelten oder kostbare Schätze entdeckten.

Wenn Weltraum-Storys dein Ding sind, findest du hier cooles Wissen. Wie gehen Astronauten aufs Klo und auf welchem Planeten regnet es Glas? Lass dich überraschen!

Gummistiefelwerfer, Harry-Potter-Athleten und Feuerläufer bringen jede Menge Action mit. Hier geht es um außergewöhnliche Sportskanonen und witzige Sportarten. Wer sich viel bewegt, bekommt Bärenhunger. Deshalb darf das Thema Essen nicht fehlen. Allerdings sind die Spezialitäten etwas ungewöhnlich: vergammelter Hai, feinster Käse mit Maden und stinkende, aber leckere Früchte stehen auf dem Speiseplan.

Natürlich gibt es in diesem Buch auch Fakten zu besonderen Rekorden. Der Mann, der aus dem Weltall sprang. Kinder, die Unmögliches schafften. Die Frau, die mit über 80 Jahren als DJ Veranstaltungen beschallt. Einfach unglaublich, was im Leben alles möglich ist.

Danach landest du in der Welt der Musik. Die besten Songs aller Zeiten sowie mutmachende Geschichten über berühmte Persönlichkeiten warten auf dich. Zu guter Letzt springst du ins Internet und erfährst verblüffende Dinge über die digitale Welt.

Jetzt heißt es: Lesen, Staunen und Spaß haben!

DIE BUNTE TIERWELT

Die witzige Sprache der Bienen

Bienen verständigen sich auf eine für uns lustige Art. Sie verwenden eine spezielle Körpersprache, um ihren Artgenossen Infos über leckere Nahrungsquellen zu geben. Wenn eine Biene eine tolle Blumenwiese entdeckt, kehrt sie zum Bienenstock zurück und fängt an zu tanzen! Durch die Richtung und Dauer des Tanzes finden die anderen Bienchen heraus, wo sich die Nahrungsquelle befindet. Außerdem sagt das Tänzeln aus, wie weit die Blumen entfernt sind. Durch diesen Austausch können Bienen schnell Infos teilen und die gesamte Kolonie versorgen.

Clevere Riesen mit großem Herz

Elefanten besitzen ein fantastisches Gedächtnis. Die Tiere können sich über viele Jahre hinweg an Gesichter, Orte und sogar Gerüche erinnern. Zudem sind Dickhäuter in der Lage, sich über große Entfernungen zu verständigen. Über Infraschall tauschen sie Infos weit mehr als zehn Kilometer aus. Dafür drücken Elefanten ihren Rüssel auf den Boden, weil so die Schallwellen gut weitergegeben werden. Mit Rüssel und Füßen nehmen die Tiere die Laute wahr. Diese Fähigkeit ist besonders dann gefragt, wenn sie Infos über Wasserquellen austauschen wollen. Auch ihr Miteinander ist faszinierend: Elefantenkühe trösten einander, indem sie sich mit dem Rüssel anstupsen.

Meister der Geschwindigkeit

Geparden sind die schnellsten Landtiere der Welt. Die flinken Tiere können Spitzengeschwindigkeiten von über 100 Kilometern pro Stunde erreichen. Mit ihren schlanken Körpern und kräftigen Muskeln sind sie perfekt an das schnelle Flitzen angepasst. Die Raubkatzen können innerhalb weniger Sekunden auf Höchstgeschwindigkeit beschleunigen.. Allerdings ist nicht jede Jagd von Erfolg gekrönt. Oft sind Geparden so erschöpft vom Rennen, dass sie die erlegte Beute nicht verteidigen können. Völlig ausgepowert schauen die Katzen dabei zu, wie sich andere Tiere über die Mahlzeit hermachen.

Die putzigen Wasserspringer

Nicht nur uns Menschen macht es Spaß, im Wasser zu plantschen und ins kühle Nass zu rutschen. Auch Otter lieben es, im Wasser zu spielen. Die niedlichen Tiere können sogar Wasserrutschen bauen. Otter nutzen natürliche Rutschbahnen, indem sie Pfützen, glatte Steine oder Schneeabfahrten suchen. Dann gleiten sie mit Begeisterung hinunter und landen elegant im Wasser. Mit ihrer verspielten Art zaubern Otter uns Menschen oft ein Lächeln ins Gesicht.

Könige der Tarnung

Chamäleons sind berühmt für ihre Fähigkeit, die Hautfarbe in Windeseile zu verändern. Aber wusstest du, dass der Farbwechsel nicht dazu dient, sich der Umgebung anzupassen? Mithilfe der Farbveränderung signalisieren Chamäleons ihre Stimmung, ihr Territorium oder ihre Paarungsbereitschaft. Sie können verschiedene Schattierungen von Grün, Braun, Gelb und sogar Rot annehmen. Auch spannend: Chamäleons ändern nicht nur ihre Hautfarbe, sondern auch die Farbe ihrer inneren Organe.

Superhelden des Tierreichs

Wusstest du, dass Ameisen erstaunliche Kräfte besitzen? Obwohl sie winzig sind, können Ameisen das bis zu 50-fache ihres eigenen Körpergewichts tragen. Zum Vergleich: Wenn wir das 50-fache unseres Gewichts heben könnten, wären wir in der Lage, einen Elefanten auf unseren Schultern zu tragen. Die kräftigen Wesen transportieren große Mengen an Nahrung, Baumaterial und ihre eigenen Artgenossen. Wie schaffen die Krabbeltiere das? Ameisen haben kräftige Kiefermuskeln und krallenartige Beine, die ihnen helfen, ihre Power bestens einzusetzen. Mit ihrer Superhelden-Fähigkeit beweisen die kleinen Krabbler, dass Größe nicht immer entscheidend ist.

Der lustigste Vogel im Dschungel

Der Kookaburra, bei uns auch Lachender Hans oder Australischer Jäger genannt, hat einen Ruf, der wie ein fröhliches Kichern klingt. Sein Ruf, der oft als „kuk-kuk-kuk-kaa-kaa-kaa“ beschrieben wird, bringt viele Menschen zum Lachen. Diese besonderen Laute sind Nachrichten, die den Kookaburras beim Plaudern untereinander helfen. Auch äußert der Vogel damit: „Das ist mein Gebiet!“ Mit dem Gesang gehört der Lachende Hans zu den witzigsten Vögeln im australischen Dschungel.

Alarm im Tierreich

Kennst du Brüllaffen? Diese haarigen Gesellen haben nicht nur eine imposante Mähne. Ihre Stimme kann extrem laut werden. Mit schrillen, tiefen Rufen können Brüllaffen eine Lautstärke erreichen, die bis zu drei Kilometer weit zu hören ist. Stell dir vor, du gehst durch den Dschungel und plötzlich hörst du diesen ohrenbetäubenden Alarm – da ist Gänsehaut vorprogrammiert! Kein Wunder, dass sie zu den lautesten Tieren der Welt gehören.

Die fliegenden Artisten

Eichhörnchen sind nicht nur flinke Kletterer, sondern auch Meister der Balance. Sie können auf dünnen Ästen balancieren, ohne dabei das Gleichgewicht zu verlieren. Aber das ist noch nicht alles: Wenn sie von einem Baum zum anderen springen, breiten sie ihre winzigen Ärmchen wie kleine Fallschirme aus. Dann gleiten die Tiere durch die Luft wie fliegende Akrobaten. Ein weiterer spannender Fakt: Oft vergessen die wuscheligen Tierchen den Ort, an dem sie ihre Nahrung (Samen, Nüsse etc.) verbuddelt haben. Durch ihre Vergesslichkeit helfen die kleinen Künstler dabei, den Umweltschutz voranzutreiben. Nuss verbuddelt + Nuss vergessen = Baum gewachsen.

Weit, weiter, am weitesten

Monarchfalter sind Schmetterlinge, die Langstreckenflüge lieben. Jedes Jahr machen sie eine bemerkenswerte Wanderung von bis zu 4.000 Kilometern. Diese kleinen Insekten fliegen von den Sommergebieten in Nordamerika bis zu den Winterquartieren in Mexiko und Kalifornien. Was sie noch beeindruckender macht, ist ihr Talent, die Route zu finden. Keine einzelne Generation kennt die gesamte Strecke. Stattdessen geben ältere Falter ihr Wissen an jüngere weiter und zeigen ihnen den Weg. Einfach erstaunlich, was für coole Hacks die Natur erschafft.

Bunte Flugkünstler mit schwachen Beinen

Kolibris sind kleine Wesen, die durch ihr besonderes Flugverhalten auffallen. Wusstest du, dass Kolibris die einzigen Vögel sind, die rückwärts fliegen können? Ihre Flügel schlagen so schnell, dass sie einen Helikopter-Effekt erzeugen. Das lässt die Winzlinge in der Luft schweben. Mit bis zu 80 Flügelschlägen pro Sekunde können Kolibris in alle Richtungen fliegen, sogar rückwärts und kopfüber. So schweben sie mit Leichtigkeit an Blumen heran und schlürfen süßen Nektar. Allerdings können die Tierchen nicht gut laufen. Ihre Beine sind im Vergleich zum Körperbau klein und schwach entwickelt. Wenn sie auf dem Boden landen, bewegen sie sich hüpfend und mit kurzen Sprüngen fort. Dann heißt es: Schnell wieder ab in die Luft!

Flinke Flosse für spritzige Touren

Der Segelfisch ist der schnellste Fisch der Welt. Mit einer Höchstgeschwindigkeit von bis zu 110 Kilometern pro Stunde saust er durch die Ozeane. Der Segelfisch hat eine geniale Flosse, die ihm hilft, diese Geschwindigkeit zu erreichen. Seine Rückenflosse ist lang und schlank und kann wie ein Segel aufgestellt werden. Durch das Ausfahren dieses Segels nutzt der Fisch die Strömung und den Wind. So kann das Tier mit atemberaubender Geschwindigkeit im und übers Wasser gleiten. Mit seiner flinken Flosse ist der Segelfisch zweifellos der Speed-Meister des Meeres.

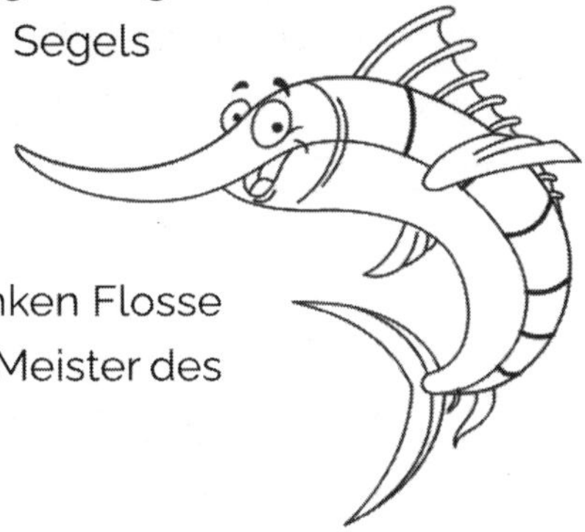

Die kuscheligen Helden

Hunde sind nicht nur treue Begleiter, sondern auch echte Helden. Rettungshunde werden trainiert, um Vermisste aufzuspüren. In Trümmern, Wäldern oder verschneiten Gebieten suchen Hunde nach Menschen in Not. Mit ihrem ausgeprägten Geruchssinn können sie menschliche Gerüche unter Tonnen von Schutt wahrnehmen. Die wuscheligen Weggefährten unterstützen zudem erkrankte Menschen, zum Beispiel als Therapiehunde. Manche Hunde können sogar Krankheiten wie Diabetes oder Krebs erschnüffeln. Auch sehbehinderte Menschen haben häufig einen Begleithund an der Seite. So gelingt der Alltag leichter und der treue Freund schützt vor Einsamkeit.

Die geheimnisvolle Körpersprache

Pferde sprechen hauptsächlich mit ihrem Körper, wenn sie miteinander reden. Ein spannender Teil ihrer Sprache ist die Fähigkeit, ihre Ohren unabhängig voneinander zu drehen. So können sie ihre Aufmerksamkeit auf verschiedene Richtungen lenken und ihre Stimmungen ausdrücken. Zum Beispiel zeigen nach hinten gerichtete Ohren oft Aggression, während nach vorne gerichtete Ohren Interesse bedeuten. Pferde sind soziale Tiere. Gegenseitiges sanftes Anknabbern zeigt meist, dass sie sich miteinander wohlfühlen. Auch eine Aufforderung zum Spielen kann sich hinter dem Knabbern verbergen.

Außergewöhnliche Überlebenskünstler

Im Tierreich gibt es Geschöpfe, die in extremen Lebensräumen prima leben können. Ein Beispiel ist der Axolotl, ein mexikanischer Salamander. Das Wesen besitzt die Eigenschaft, verlorene Körperteile wie Gliedmaßen oder sogar Teile seines Herzens nachwachsen zu lassen. Diese Regenerationsfähigkeit macht den Axolotl zu einem erstaunlichen Überlebenskünstler. Wissenschaftler untersuchen dieses Phänomen genau. Forscher wollen daraus Erkenntnisse für die Behandlung von Verletzungen und Krankheiten beim Menschen gewinnen.

Das einzigartige Okapi

Okapis sind seltene Tiere, die in den dichten afrikanischen Regenwäldern des Kongobeckens beheimatet sind. Es sieht aus wie eine Kreuzung zwischen einer Giraffe und einem Zebra. Tatsächlich ist es mit keiner dieser Arten verwandt. Das Okapi besitzt eine lange, blaue Zunge, mit der es Blätter von Bäumen erreicht. Sein Körper ist von einem auffälligen Zebramuster bedeckt. Das ist eine supergute Tarnung in seinem Lebensraum. Okapis sind große Wesen und erreichen eine Größe von etwa 1,70 Metern. Entdeckt wurden Okapis erst im 20. Jahrhundert. Die Tiere haben sich demnach gut vor uns versteckt!

Die größten Tierbauwerke der Welt

Insekten, die fleißig umherwuseln und unermüdlich arbeiten – jetzt geht es um Termiten. Die Krabbeltiere leben vorrangig in Afrika, Südamerika und Asien. Obwohl sie winzig sind, können Termiten riesige Bauwerke erschaffen. Diese Hügel werden bis zu neun Meter hoch, was sie zu den größten Tierbauwerken der Welt macht. Termiten nutzen ihre eigenen Speichel- und Erdmischungen, um kunstvolle Strukturen zu bauen. Einerseits wohnen die Termiten in den Hügeln, andererseits dient das Riesenhaus als Schutz. Weder Raubtiere noch schlechtes Wetter können den Bau zerstören.

Die Maus, die berühmt werden wollte

In den 1970er Jahren sorgte ein kleines Wesen namens „Mausi" für großes Aufsehen. Während einer Live-Sendung im NDR-Fernsehen huschte sie über den Studiofußboden. Deshalb kam es zu einer unerwarteten Unterbrechung. Der Moderator reagierte spontan und baute die Maus in die Sendung ein. Die Zuschauer waren begeistert und Mausi wurde zum Star. Die kleine Maus erhielt sogar Fanpost. Zahlreiche Kinder schrieben Briefe, in denen sie um die Fortsetzung ihrer Abenteuer baten. Die Geschichte von Mausi, der TV-Maus, bleibt ein lustiger Moment in der deutschen Fernsehgeschichte.

Knuffige Wesen in extremen Gebieten

Sie sehen niedlich aus und leben an einem Ort, an dem harte Wetterbedingungen herrschen. Doch das macht den wuschigen Tierchen nichts aus, denn Mutter Natur hat sie super ausgestattet. Es handelt sich um Fenneks. Diese Wüstenfüchse leben, wie der Name erahnen lässt, in der Wüste. Eine ihrer bemerkenswertesten Eigenschaften sind ihre riesigen Ohren. Die Öhrchen sehen nicht nur süß aus, sondern erfüllen auch eine wichtige Funktion. Die Lauscher der Fenneks dienen dazu, Hitze abzuleiten sowie Geräusche zu verstärken. Dadurch finden sie ihre Beute besser. Außerdem haben sie dicke Fellsohlen, die ihnen helfen, auf dem heißen Sand zu laufen, ohne sich zu verbrennen.

Der pieselnde Geier und der taube Hahn

Wusstet ihr, dass Geier auf eine ganz besondere Weise cool bleiben? Wenn es draußen richtig heiß ist, pinkeln sie auf ihre eigenen Füße! Das klingt vielleicht komisch, aber es hilft ihnen, nicht zu überhitzen. Außerdem ist ihr Urin so stark, dass er gefährliche Bakterien und winzige Parasiten bekämpft. Ein weiterer interessanter Fakt über gefiederte Tiere: Hähne stellen sich kurzzeitig taub, wenn sie krähen. Die Vögel mit dem lautstarken Organ dichten beim Öffnen des Schnabels mit einem kleinen Teil des Kiefers ihren Gehörgang ab. Zudem legt sich Gewebe über das Trommelfell. Hähne schützen sich sozusagen mit integrierten Ohrstöpseln vor ihrem eigenen Lärm.

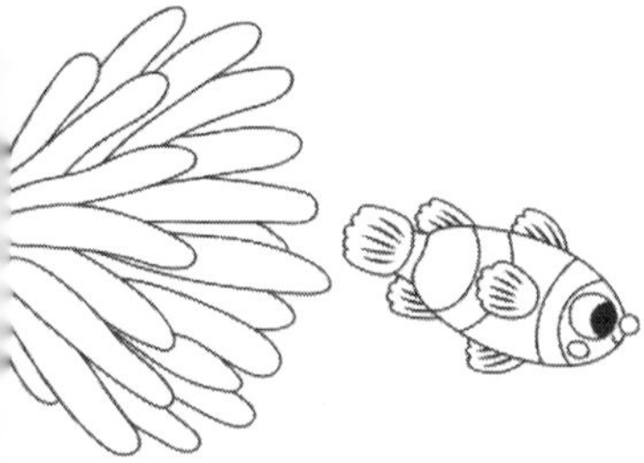

Clownfisch und Anemone als perfektes Team

Clownfische sind die einzigen Fische, die in den giftigen Tentakeln von Seeanemonen ohne Verletzungsgefahr leben können. Die Anemonen bieten den Clownfischen Schutz vor Raubtieren, während die Fische den Anemonen Nahrung bringen. Des Weiteren entfernen die Fische Essensreste und Parasiten von den Anemonen. Außerdem sorgen die Clownfische für eine bessere Wasserbewegung. Der Zusammenhalt zwischen Anemone und Clownfisch zeigt, wie verschiedene Arten in Harmonie leben können.

Die fliegenden Nachtschwärmer

Fledermäuse unterscheiden sich deutlich von anderen Tieren. Sie sind die einzigen Säugetiere, die aktiv fliegen können. Mit ihren speziell angepassten Flughäuten zwischen den Fingern gleiten sie geschickt durch die Luft. Aber das ist noch nicht alles! Fledermäuse haben auch besondere Navigationsfähigkeiten. Sie verwenden Ultraschallrufe, um sich in der Dunkelheit zu orientieren und ihre Beute zu finden. Die meisten Fledermausarten sind nachtaktiv. Während sie nachts umherschwärmen, suchen sie nach Nahrung. Wilde Flugaktionen helfen dabei, leckere Insekten zu schnappen.

Die lauten Riesen der Meere

Pottwale, die größten Raubtiere der Erde, halten einen interessanten Rekord. Mit einer Tauchtiefe von über 2.500 Metern und einer Tauchdauer von bis zu zwei Stunden sind sie unangefochtene Meister. Diese Fähigkeit erlaubt es ihnen, in den Tiefen der Ozeane nach Nahrung zu suchen. Liebend gerne jagen die bis zu 50 Tonnen schweren Giganten dort Riesenkalmare (Tintenfische). Der Schall der Pottwale ist ebenso erstaunlich. Die Meeresriesen sind bekannt für ihre komplexen Klicklaute, die sie zur Orientierung, Verständigung und zum Beutefang verwenden. Was jedoch wirklich verblüfft, ist die enorme Lautstärke der Laute. Mit Schallpegeln von bis zu 230 Dezibel – lauter als ein startendes Düsenflugzeug – können sie Ziele in der Dunkelheit der Tiefsee ausfindig machen. Einige Taucher, die sich in der Nähe von Pottwalen befanden, bekamen Schmerzen und sogar Verletzungen aufgrund des extremen Schalls.

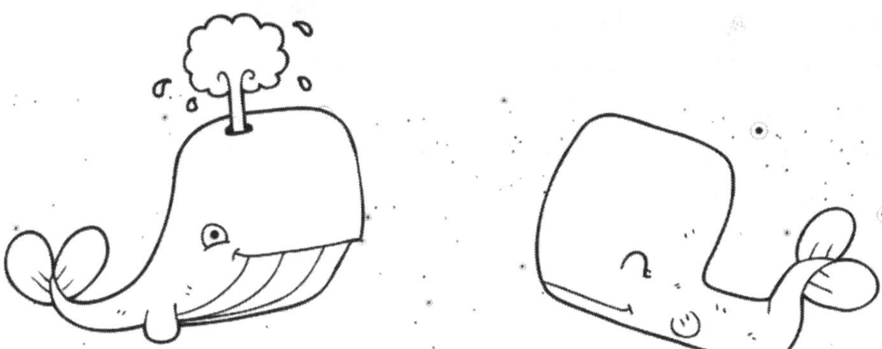

Große Wesen mit großem Mitgefühl

Orcas, auch bekannt als Killerwale oder Schwertwale, faszinieren nicht nur mit ihrer imposanten Erscheinung. Die Tiere können bis zu zehn Meter lang und mehrere Tonnen schwer werden. Wissenschaftler beschäftigen sich in den letzten Jahren immer mehr mit der größten Delfinart. Forscher fanden heraus, dass Orcas über eine außergewöhnlich hohe Intelligenz und ein ausgeprägtes Einfühlungsvermögen verfügen. Einige Meeresbiologen gehen sogar davon aus, dass Schwertwale die intelligentesten und sozialsten Tiere weltweit sind. Diese Meeresbewohner leben in Familien und kommunizieren miteinander über eine Vielzahl von Lauten. Beeindruckend ist ihre Fähigkeit, sich in die Lage anderer hineinzuversetzen. Orcas unterstützen verletzte oder kranke Artgenossen, indem sie die Tiere tragen und ihre Nahrung teilen.

Die fleißige Marathon-Kröte

Die Amerikanische Kröte ist bekannt für ihre Fähigkeit, weite Strecken zurückzulegen. Forscher haben entdeckt, dass die Kröte in einer einzigen Nacht eine Strecke von bis zu 20 Kilometern bewältigen kann. Das ist, als ob die winzige Kröte an einem Marathon teilnehmen würde! Wissenschaftler stehen vor einem Rätsel, aus welchem Grund das kleine Tier so weit wandert. Die Kröte ist somit ein beeindruckendes Beispiel für tierische Ausdauer.

Giftige Tentakel für ein sicheres Leben

Boxerkrabben, auch Pompom-Krabben genannt, verwenden kleine Anemonen, um sich vor Feinden zu schützen. Anemonen sind wirbellose Tiere, die eng mit Korallen und Quallen verwandt sind. Allerdings benutzen Krabben die Anemonen nicht als Waffen, sondern als Verteidigungstaktik. Dabei halten sie die Anemonen in ihren Scheren, um potenzielle Angreifer abzuschrecken. Anemonen besitzen giftige Tentakel, die bei Berührung stechen können.

KÖNIGREICH DER PFLANZEN

Wenn Pflanzen zu Bauwerken werden

In Meghalaya, einer Region im Nordosten Indiens, wachsen lebende Brücken. Diese außergewöhnlichen Bauwerke bestehen aus Teilen von Gummibäumen. Über Jahrhunderte hinweg haben die Einheimischen die Baumwurzeln geschickt zu Brücken geformt. Durch gezieltes Platzieren der Wurzeln über Flüsse und Schluchten hinweg sind stabile Konstruktionen entstanden. Einige dieser Brücken erstrecken sich sogar über 50 Meter.

Die sensible Pflanze

Die Mimose ist eine Pflanze, die ungewöhnlich auf Berührungen reagiert. Sobald ihre Blätter berührt werden, zieht sich die Mimose blitzschnell zusammen und faltet ihre Blätter ein. Spezielle Zellen, die Wasser enthalten, machen dieses Phänomen möglich. Der einzigartige Schutzmechanismus hilft der Pflanze, sich vor gierigen Fressfeinden zu schützen. Außerdem reagiert die Mimose besonders in heißen Regionen so, um einen zu starken Wasserverlust zu vermeiden. Was für ein schlaues Pflänzchen!

Achtung, bissige Pflanze!

In den Sümpfen Nordamerikas lauert eine hungrige Pflanze, die Venusfliegenfalle. Sie kommt an Nahrung, indem sie diese einfach fängt. Ihre Blätter sind mit empfindlichen Härchen ausgestattet, die bei Berührung ein Schließsignal auslösen. Wenn ein ahnungsloses Insekt auf den Blättern landet und die Härchen aktiviert, schnappt die Falle zu. Die Venusfliegenfalle verdaut dann das gefangene Insekt, um an die Nährstoffe zu gelangen.

Der uralte Flaschenbaum

Auf nach Afrika! Hier wächst eine faszinierende Baumart – der Baobab, auch bekannt als Affenbrotbaum. Das witzig aussehende Gewächs zeichnet sich durch einen massiven Stamm aus, der an eine Flasche erinnert. Der Baobab kann sich super an trockene Lebensräume anpassen und enorme Mengen an Wasser speichern. Ein bemerkenswertes Beispiel ist der Baobab von Sunland in Südafrika: Der Gigant gilt als der größte lebende Baobab und soll ein Alter von über 6.000 Jahren haben.

Stinkende Riesenblume mit Charme

Die schöne Pflanze mit dem Namen Titanwurz ist berühmt für ihre gigantischen Blüten. Titanwurz kann eine Höhe von bis zu drei Metern erreichen, was sie zur größten Blume der Welt macht. Doch nicht nur die Größe ist einzigartig: Wenn Titanwurz blüht, verströmt die Blüte einen unangenehmen Geruch, der an verwesendes Fleisch erinnert. Dadurch zieht sie Aasfliegen an, die für ihre Bestäubung sorgen. Obwohl die Pflanze ziemlich müffelt, lockt das Naturwunder jedes Jahr viele neugierige Besucher an. Heimisch ist die Riesenpflanze in den Regenwäldern von Sumatra, einer Insel in Indonesien. Auch in einigen botanischen Gärten in Deutschland kann man die Stinkeblume bestaunen.

Laufende Palmen in Nebelwäldern

In den dichten Wäldern Costa Ricas leben Wanderpalmen. Die holzigen Wesen haben die Fähigkeit, ihre Form zu verändern. Junge Palmen wachsen zunächst gerade nach oben. Im Laufe ihres Lebens entwickeln sie bis zu zwei Meter lange Wurzeln. Es sieht so aus, als ob sie auf Stelzen in die Höhe wachsen, weil die Wurzeln oberhalb der Erde zu sehen sind. Früher dachten die Einheimischen, dass die Bäume ihren Standort wechseln können. Dies ist jedoch mittlerweile als falsch erkannt worden. Dennoch erinnert der Anblick der Stelzenpalmen an eine Märchenwelt voller Magie.

Das magische Drachen-Gewächs

Der Drachenblutbaum ist auf der Insel Socotra im Indischen Ozean beheimatet. Diese mysteriösen Bäume haben einen bizarr geformten Stamm und spitze, rote Blätter, die an fließendes Blut erinnern. Der Baum produziert einen klebrigen Saft, das sogenannte Drachenblut. Diese Flüssigkeit wird in der traditionellen Medizin verwendet. Der Drachenblutbaum ist etwas Besonderes, weil sein Äußeres auffällt und er in der Medizin eine wichtige Rolle spielt.

Glühende Pilze und leuchtende Spektakel

In den Wäldern von Brasilien gibt es einen Pilz, der im Dunkeln seine eigene Lichtshow veranstaltet – der Neonothopanus gardneri. Mit seiner grell-grünen Farbe erzeugt er ein Leuchten, das die nächtliche Umgebung enorm erhellt. Neonothopanus gardneri gehört zu den am hellsten leuchtenden Arten. Dieser Pilz nutzt die sogenannte Biolumineszenz, um Insekten anzulocken und sich zu vermehren. Mindestens 70 weitere Pilzarten können das auch. Bekannte leuchtende Pilze in Deutschland sind der Honiggelbe Hallimasch oder der Herbe Zwergknäueling. Biolumineszenz ist die Fähigkeit einiger Lebewesen, Licht im Körper zu erzeugen.

Die Senioren unter den Bäumen

Im Küstengebirge Kaliforniens wächst der Mammutbaum. Diese Baumart ist berühmt für ihre gigantische Größe und ihr beeindruckendes Alter. Einige Exemplare sind über 3.000 Jahre alt und zählen somit zu den ältesten lebenden Organismen der Erde. Die Mammutbäume können Höhen von über 90 Metern und einen Stammumfang von über 30 Metern erreichen. Der General Sherman Tree, der größte lebende Baum der Welt, befindet sich inmitten des Sequoia-Nationalparks in Kalifornien. Mit seinen 83,8 Metern ragt er hoch in den Himmel. Die Krone des General Sherman Tree ist 33 Meter breit.

Das geheime Netzwerk der Waldriesen

Bäume reden miteinander. Sie tauschen keine Worte aus wie wir, denn sie kommunizieren auf eine andere Art. Über ihre Wurzeln bilden sie ein unsichtbares Netzwerk, das viele Forscher als „Wood Wide Web" bezeichnen. Damit tauschen Bäume Informationen aus und helfen sich gegenseitig. Wenn ein Baum von Schädlingen oder Krankheiten befallen ist, sendet er chemische Signale an andere Pflanzen. Diese produzieren dann Abwehrstoffe und unterstützen den erkrankten Baum. Außerdem warnen sie sich gegenseitig vor Gefahren. Demnach passiert in der Natur viel, was wir mit bloßem Auge nicht sehen können. Spannende Welt, in der wir leben!

Pflanzen im Popstar-Modus

Wusstest du, dass Pflanzen Musik lieben? Forscher haben folgendes herausgefunden: Viele Pflanzen wachsen besser, wenn sie Musik hören. Musik mit harmonischen Melodien kann die Entwicklung verbessern, indem sie den Stoffwechsel anregt und Stress abbaut. Obwohl das Phänomen noch nicht vollständig erforscht ist, sprechen die positiven Ergebnisse für sich. Es gibt eben Dinge auf dieser Welt, die Menschen noch nicht verstehen, aber dennoch existieren.

Viel los vor der Küste Australiens

Das Great Barrier Reef vor der Küste Australiens gehört zu den faszinierendsten Naturreservaten der Welt. Es erstreckt sich über eine Länge von mehr als 2.300 Kilometern. Diese Unterwasserwelt beheimatet eine Vielzahl von Fischarten, Meeresschildkröten und zahlreiche andere Meeresbewohner. Das Great Barrier Reef erstreckt sich über eine so große Fläche, dass es aus dem Weltall zu sehen ist. Jährlich kommen Millionen von Touristen nach Australien, um die spannende Unterwasserwelt zu erkunden. Leider ist das Great Barrier Reef auch von Umweltbedrohungen aufgrund steigender Temperaturen, Wasserverschmutzung und Überfischung betroffen. Die australische Regierung und verschiedene Umweltschutzorganisationen setzen sich für die Erhaltung dieses einzigartigen Ökosystems ein.

Die Kleinsten und Größten der Welt

In der Welt der Obst- und Gemüsesorten finden wir interessante Rekordhalter. Auf der einen Seite haben wir Winzlinge wie die Miniaturwassermelone, die nur etwa so groß wie ein Tennisball ist. Diese kleinen Früchte sind vor allem in den USA und Japan beliebt. Auf der anderen Seite gibt es Giganten wie beispielsweise Riesenkürbisse. Sie können ein Gewicht von über 900 Kilogramm erreichen. Besonders bekannt sind Kürbiswettbewerbe in den USA in der Stadt Half Moon Bay in Kalifornien. Dort werden jedes Jahr im Oktober die größten Kürbisse der Welt präsentiert.

Das stinkende Wunder

Die Durian-Frucht verströmt einen intensiven Geruch. Mit ihrem starken Aroma wird der Duft oft als eine Mischung aus faulen Eiern und überreifem Obst beschrieben. Obwohl der Geruch für manche unangenehm ist, schwören andere auf den leckeren Geschmack und lieben die Frucht. Durian ist vor allem in Südostasien beheimatet. Einer der bekanntesten Orte, um sie zu probieren, ist der Durian Square in Penang (Malaysia). Hier können mutige Genießer einen Geruchs- sowie Geschmackstest wagen und sich von diesem exotischen Obst überraschen lassen. Aufgrund des Duftes haben einige Einrichtungen, darunter Flughäfen, U-Bahnen und Hotels, Regelungen erlassen, die das Mitführen von Durian untersagen. Damit soll die Belästigung anderer Fahrgäste oder Besucher vermieden werden.

Gefährliche Schönheit

In den Tiefen des Amazonas-Regenwaldes lauert eine exotische Schönheit – der Blaue Eisenhut. Diese hübsche, aber äußerst giftige Pflanze findet man auch bei uns, in den Gebirgsregionen Europas und Asiens. Die leuchtend blauen Blütenblätter verleihen ihr ein wunderschönes Aussehen, doch Vorsicht ist geboten. Alle Teile der Pflanze enthalten hochgiftige Stoffe, die bereits in geringen Mengen tödlich sein können. Das macht den Blauen Eisenhut zu einer der giftigsten Pflanzen der Welt.

Die Blume mit den roten Lippen

Im Regenwald von Costa Rica wächst ein Juwel der Natur. Es handelt sich um „Die Blume des Kusses", wissenschaftlich bekannt als Psychotria Elata. Die Pflanze ist für ihre ungewöhnlichen roten Blütenstände berühmt, die tatsächlich wie leuchtend rote Lippen aussehen. Doch nicht nur ihr Aussehen macht sie so besonders: Wenn die Blüten reifen, öffnen sie sich und geben kleine Samen frei, die an kleine Käfer erinnern. Die Samen dienen als Köder für Insekten und locken sie zur Bestäubung an. Wirklich clever, dieses Wunder der Natur.

Der märchenhafte Urwald im Herzen Deutschlands

Im Nationalpark Hainich in Thüringen erstreckt sich ein uralter Buchenwald, der als "Urwald mitten in Europa" bezeichnet wird. Im Hainich findet man Baumriesen, die mehrere Jahrhunderte alt sind. Dort können kleine und große Abenteurer den berühmten Baumkronenpfad erkunden. Dieser Pfad führt die Besucher durch die Wipfel der mächtigen Bäume und bietet einen grandiosen Blick auf den Urwald. Zudem lohnt sich ein Besuch im nahe gelegenen Wildkatzendorf. Hier kannst du in die Welt der Wildkatzen eintauchen und die Tiere beobachten. Im Wildkatzendorf lernst du nicht nur viel über die scheuen Jäger, sondern auch über ihren Lebensraum und ihren Schutz im schönen Hainich-Wald.

Königin der Nacht

Kennst du die „Königin der Nacht“? Der wissenschaftliche Name ist Selenicereus grandiflorus. Die Bezeichnung klingt wie ein Harry Potter-Zauberspruch, aber dahinter steckt eine außergewöhnliche Blume. Das Gewächs blüht nur einmal im Jahr für eine einzige Nacht. Die Blüte öffnet sich in der Dunkelheit und verströmt einen betörenden Duft. Der Geruch lockt nachtaktive Insekten an. Die kleinen Krabbeltiere tragen die Pollen von der einen zur anderen Blume. Dadurch vermehrt sich die Pflanze. Die Königin der Nacht ist in verschiedenen Teilen der Welt zu finden, vor allem in den tropischen Regionen Amerikas.

Die beliebtesten Obst- und Gemüsesorten Deutschlands

Jetzt kommen wir zu den Stars auf unseren Tellern. In Deutschland gibt es einige Obst- und Gemüsesorten, die besonders beliebt sind. Zu den absoluten Favoriten zählen Äpfel und Karotten. Äpfel sind nicht nur lecker, sondern auch reich an Vitaminen und Ballaststoffen. Sie kommen in verschiedenen Sorten wie Gala, Braeburn oder Boskoop vor. Karotten sind ebenfalls sehr umschwärmt. Sie zeichnen sich durch ihren süßen Geschmack und ihren hohen Gehalt an Vitamin A aus. Neben Äpfeln und Karotten sind auch Tomaten, Erdbeeren, Kartoffeln und Gurken unter den Lieblingssorten der Deutschen. Diese köstlichen und gesunden Lebensmittel tragen zu einer ausgewogenen Ernährung bei und sind aus unseren Küchen nicht wegzudenken.

FASZINIERENDE PHÄNOMENE DER NATUR

Das Funkeln des Meeres

In einigen Meeren findet ein spannendes Spektakel statt: die Biolumineszenz. Winzige Organismen wie Plankton besitzen die Fähigkeit, Licht zu erzeugen. Sobald diese kleinen Lebewesen durch Bewegung oder Reibung aktiviert werden, entsteht ein blaues Leuchten im Wasser. Die Malediven, ein Inselstaat im Indischen Ozean, sind ein bekanntes Reiseziel, um dieses natürliche Phänomen zu erleben. Wenn die Nacht hereinbricht, können Besucher einen atemberaubenden Einblick in die Welt der Biolumineszenz gewinnen.

Wilde Wirbelwinde

Tornados kommen auf der ganzen Welt vor und können richtig gefährlich werden. Sie entstehen aus starken Gewittern und kreisenden Luftsäulen, die sich vom Himmel bis zum Boden erstrecken. Tornados können Geschwindigkeiten von über 480 Kilometern pro Stunde erreichen. Dabei entwickeln die wilden Winde enorme Zerstörungskraft. Am häufigsten kommen sie in den USA vor, aber auch in anderen Gebieten der Welt toben Tornados übers Land. Sie können Häuser zerstören, Bäume entwurzeln und alles auf ihrem Weg verwüsten.

Tornado der Meere

Wusstest du, dass es auf den Ozeanen Tornados gibt? Sie werden Wasserhosen genannt. Ähnlich wie bei Landtornados entstehen Wasserhosen durch starke aufsteigende Luftströmungen, die über dem Wasser wirbeln. Sie können in der Nähe von Küsten oder Seen auftreten und sehen aus wie dünne Trichter, die das Wasser in die Höhe saugen. Wasserhosen sind zwar nicht so gefährlich wie Landtornados, aber sie können dennoch starke Wirbelwinde bilden und kleine Boote gefährden. Dieses Naturschauspiel zeigt uns, wie kraftvoll das Wetter und die Natur sein können.

Ein farbenfrohes Naturphänomen

Jetzt wird's bunt. Ein Regenbogen entsteht, wenn Sonnenlicht durch Regentropfen bricht und reflektiert. Doch da geht noch mehr! Manchmal sind sogar Doppelregenbögen zu sehen. Dieses seltene Phänomen kommt zum Vorschein, wenn das Licht zweimal an den Regentropfen bricht. Ein zweiter, meist schwächerer Regenbogen bildet sich oberhalb des ersten. Hast du das schonmal erlebt? Blicke in den Himmel, wenn es regnet und die Sonne scheint. Vielleicht hast du Glück und kannst das Spiel der Natur beobachten.

Tanzende Nordlichter

Nordlichter sind ein beeindruckendes Naturschauspiel, das den nächtlichen Himmel in den Polarregionen wie Alaska oder Skandinavien erleuchtet. Diese farbenfrohen Lichter erwecken zum Leben, wenn winzige Teilchen von der Sonne auf die Erdatmosphäre treffen. Die Farben reichen von grün über rosa bis hin zu violett. Wer Nordlichter schon live gesehen hat, kommt aus dem Staunen nicht mehr heraus. Manchmal können Orte in Norddeutschland wie die Insel Sylt oder die Küstenregionen von Mecklenburg-Vorpommern dieses bunte Naturphänomen erleben.

Der singende Sand

Sobald die Voraussetzungen stimmen, kann Sand angenehme Klänge erzeugen. Dabei handelt es sich um ein besonderes Naturphänomen, bei dem Dünen einen melodischen Klang von sich geben. Eine Düne ist ein Hügel aus Sand, der oft in Wüsten oder an Stränden zu finden ist. Der Wind bläst den Sand zusammen und formt ihn zu einer Erhebung. Wenn der Sand in Bewegung gerät, etwa durch Wind oder das Betreten von Menschen, reiben die Sandkörner aneinander und erzeugen einen tiefen, brummenden Ton. Damit die Naturmusik ertönen kann, muss der Sand eine gewisse Korngröße und einen bestimmten Feuchtigkeitsgehalt haben.

Die flammenden Löcher

In der Wüste von Turkmenistan existieren brennende Gaskrater, auch „Tor zur Hölle" genannt. Diese Krater entstanden vor Jahrzehnten durch einen Unfall bei Erdgasbohrungen. Die Entscheidung, das austretende Gas anzuzünden, um Gefahren zu vermeiden, führte zu ununterbrochen brennendem Gas. Die flammenden Löcher erzeugen eine abenteuerlich wirkende Landschaft und werfen nachts einen leuchtenden Schein über die Wüste.

Die unbändige Kraft der Lawinen

Lawinen gehören zu den mächtigsten Naturgewalten. Bei diesem Phänomen handelt es sich um gewaltige Schneemassen, die oft mit einer hohen Geschwindigkeit den Berg hinabstürzen. Lawinen bilden sich, wenn eine Schneeschicht ihre Stabilität verliert und sich in Bewegung setzt. Die tobenden Riesen sind in der Lage, Bäume zu entwurzeln und ganze Landschaften zu verändern. Ihre Geschwindigkeit kann bis zu 200 Kilometer pro Stunde erreichen. Die riesigen Schneemengen können sehr gefährlich sein. Deshalb müssen Menschen in Lawinen-Gebieten die Anzeichen erkennen und sich vor den Schneemassen schützen.

Wenn Steine allein wandern

Das kuriose Naturereignis namens Sailing Stones kann man in der Death Valley Wüste in den USA beobachten. Dort bewegen sich schwere Felsen wie von Zauberhand über die flache Wüstenoberfläche. Währenddessen hinterlassen sie Spuren im Sand und verändern ihre Position über die Zeit hinweg. Für lange Zeit war dieses Phänomen ein Rätsel. Irgendwann kamen Forscher darauf, dass die mysteriöse Felswanderung durch eine besondere Kombination von Regen, Eis und starken Winden entsteht. Auch wenn die genaue Art der Bewegung noch nicht vollständig erkundet wurde, bringen die magischen Felsen viele Touristen zum Staunen.

Das Ungeheuer von Loch Ness

Seit Jahrhunderten ranken sich Geschichten um das Ungeheuer Nessie, das angeblich im See Loch Ness in Schottland lebt. Einige Menschen berichten, Nessie gesehen zu haben. Zudem sind Fotos und Videos im Umlauf, die als Beweis dienen sollen. Doch trotz intensiver Untersuchungen konnte die Existenz von Nessie bisher nicht nachgewiesen werden. Wissenschaftler vermuten, dass es sich bei den Sichtungen um optische Täuschungen und Verwechslungen handeln könnte. Neben dem berühmten Monster des Loch Ness gibt es auch in anderen Gebieten der Welt ähnliche Sichtungen. Zum Beispiel soll eine schlangenartige Kreatur, der Tatzelwurm, in den Alpen leben. Ein weiteres Wesen ist der Mokele-Mbembe im Kongo, der von Einheimischen als Dinosaurier beschrieben wird. Obwohl es keine Beweise für die Existenz dieser Wesen gibt, sind die Geschichten ein spannendes Mysterium.

Auf den Spuren des Yetis

Wusstest du, dass es zahlreiche Geschichten über mysteriöse Wesen wie den Yeti gibt? Gebräuchlich sind auch die Bezeichnungen Schneemensch oder Bigfoot. Der Yeti ist eine legendäre Kreatur, die angeblich in den entlegenen Gebirgsregionen des Himalayas lebt. Oft wird der Yeti als großes, behaartes Wesen mit kräftigem Körper, langen Armen und menschenähnlichem Gesicht beschrieben. Bislang existieren keine wissenschaftlichen Beweise für die Existenz des Yetis. Allerdings behaupten viele Menschen, Begegnungen mit ihm gehabt zu haben. Es gab Expeditionen und Untersuchungen, aber die meisten Beobachtungen wurden bisher nicht eindeutig bestätigt.

Der heißeste Ort der Welt

Im Death Valley in Kalifornien (USA) klettern die Temperaturen ganz weit nach oben. Hier herrschte 1913 die höchste jemals gemessene Temperatur von 56,7 Grad Celsius. Im Tal staut sich die Hitze, denn das Death Valley ist mit 86 Metern unter dem Meeresspiegel der tiefste Punkt der USA. Es weht so gut wie kein Wind und die umliegenden Berge drücken die Hitze wieder ins Tal. Deshalb ist auch nachts nicht an eine Abkühlung zu denken. Die heißeste Nacht im Death Valley hatte eine Temperatur von 41,7 Grad Celsius. Nicht gerade einladend für einen erfrischenden Abendspaziergang, oder? Tatsächlich wohnen etwa 80 Menschen in der lebensfeindlichen Umgebung des Death Valleys. Sie brauchen dafür eine Genehmigung, denn dort sterben regelmäßig Menschen an den Folgen der Hitze.

Kalt, kälter, am kältesten

Der kälteste Ort der Welt ist die Antarktis, genauer gesagt die Ostantarktis. Im Jahr 1983 wurde dort die niedrigste jemals gemessene Temperatur auf der Erde verzeichnet: unglaubliche Minus 89,2 Grad Celsius. Bei solchen extremen Temperaturen gefriert die Luft zu Eis und das Leben scheint fast unmöglich. Die Region ist von einer dicken Eisschicht bedeckt. Zahlreiche wissenschaftliche Stationen befinden sich dort, in denen Experten die Geheimnisse des eisigen Kontinents erforschen.

Wo der Sturm nie schläft

Jetzt folgt ein stürmischer Fakt zum windigsten Ort der Welt. An der Küste der Ostantarktis gibt es einen Ort namens Commonwealth Bay, durch den unglaublich starke, kalte Winde ziehen. Diese Winde erreichen Geschwindigkeiten von bis zu 327 Kilometern pro Stunde. Das ist schneller als ein Hochgeschwindigkeitszug! Die kalte Luft strömt von den umliegenden Eisflächen herab und prallt mit einem Windstrom zusammen. Diese Stürme machen das Überleben in der Region schwierig. Dennoch tummeln sich viele Lebewesen wie zum Beispiel Pinguine, Robben, Wale und Seevögel an der stürmischen Küste. Diese Tiere haben sich an die extremen Bedingungen angepasst. Forscher nutzen diesen Ort, um mehr über das Wetter und den Einfluss des Windes auf unsere Umwelt zu erfahren.

Die höchsten Wellen der Welt

Wahre Giganten der Meere: Die höchsten Wellen der Welt werden als Monsterwellen oder auch Rogue Waves bezeichnet. Die Riesen können eine Höhe von über 30 Metern erreichen. Sie treten auf, wenn starke Winde, Strömungen und bestimmte Meeresböden aufeinandertreffen. Diese gewaltigen Wellen können selbst große Schiffe überspülen und stellen eine ernsthafte Gefahr für die Schifffahrt dar. Experten haben spezielle Überwachungssysteme zur Früherkennung von Monsterwellen entwickelt. Diese Systeme reagieren aufgrund der rasanten Weiterentwicklung der Technik immer besser darauf, die Entstehung der Superwellen rechtzeitig anzukündigen.

Der verlorene Sommer

Im Jahr 1815 ereignete sich ein Vulkanausbruch des Mount Tambora in Indonesien, der als einer der stärksten Ausbrüche in der Menschheitsgeschichte gilt. Die enorme Vulkanaktivität hatte großen Einfluss auf das Klima: Der Vulkan schleuderte große Mengen an Asche, Staub und Schwefel umher. Dies führte zu einer Abkühlung und verursachte das kalte Jahr 1816, das als „Jahr ohne Sommer" bekannt wurde. Aufgrund des veränderten Klimas fiel die Ernte schlecht aus und es herrschte Nahrungsmittelknappheit. Zudem stiegen gesundheitliche Probleme von Mensch und Tier an. Der Ausbruch des Mount Tambora und die Folgen zeigen, wie empfindlich die Erde auf Naturereignisse reagieren kann. Umwelt, Klima und Mensch sind eben eng miteinander verbunden.

Feurige Riesen mit gewaltiger Energie

Kannst du erahnen, um welches Naturphänomen es sich hierbei handelt? Genau, jetzt tauchen wir in die Welt der Vulkane ein. Vulkane können aus dem Inneren der Erde heißes Magma, Asche und Gase freisetzen. Einer der faszinierendsten Vulkane ist der Kilauea auf Hawaii. Er zählt zu den aktivsten Vulkane der Welt und speit seit Jahrzehnten Lavaströme, die das umliegende Land stetig verändern. Doch nicht nur auf der Erde gibt es Vulkane. Auch auf dem Meeresboden befinden sich viele dieser feuerspeienden Berge. Der bekannteste unter ihnen ist der Axial Seamount im Pazifik, der durch seine vulkanische Aktivität neue Inseln entstehen lässt. Vulkane haben einen großen Einfluss auf die Erdentwicklung. Viele Inseln weltweit bildeten sich aufgrund von Vulkanausbrüchen. Dazu zählen beispielsweise die Kanarischen Inseln, die Galápagos-Inseln, Santorin und Island.

Wenn die Erde bebt

Erdbeben gehören zu den gefährlichsten Naturphänomenen. Sie entstehen durch Spannungen in der Erdkruste, die sich über einen längeren Zeitraum aufbauen und dann in Form von Erdbeben freisetzen. Erdbeben können unterschiedliche Stärken haben, von kaum spürbar bis zu sehr starken Beben. Die Wellen, die sich bei einem Erdbeben bilden, breiten sich wie Wellen im Wasser aus. Dabei bringen Beben auch Gebäude zum Einsturz, verändern Landschaften und lösen sogar mächtige Flutwellen aus. In Deutschland sind die meisten Erdbeben schwach. Diese Erdbeben werden oft nicht wahrgenommen oder lediglich als leichte Erschütterungen empfunden. In Ländern wie Japan, Indonesien, Chile, Peru, Neuseeland, Teilen der USA, Nepal, Indien, Bhutan, Pakistan, Türkei, Iran, Griechenland und Italien treten die stärksten und meisten Erdbeben auf. Das liegt daran, weil in diesen Zonen eine Erdplatte unter eine andere taucht.

Wo sich der Boden in Salzkristalle verwandelt

Salzwüsten sind einzigartige Landschaften, in denen der Boden mit Salzkristallen bedeckt ist. Stell dir vor, du betrittst eine scheinbar endlose Fläche aus glitzerndem Weiß. Salzwüsten kommen zum Vorschein, wenn es in einer Region wenig Niederschlag gibt und das Wasser verdunstet. Zurück bleibt das Salz, das sich im Boden angesammelt hat. Ein bekanntes Beispiel für eine Salzwüste ist die Salar de Uyuni in Bolivien, die größte Salzwüste der Welt. Hier erstreckt sich eine riesige Fläche von glänzendem Salz, die wie ein Spiegel das Sonnenlicht reflektiert.

Die donnernden Wasserfälle

Die Niagarafälle sind eine der bekanntesten Naturattraktionen der Welt. Die Wasserfälle liegen an der Grenze zwischen den USA und Kanada und erstrecken sich über eine Breite von etwa 1,2 Kilometern. Der beeindruckendste Teil ist Horseshoe Falls, auch bekannt als Hufeisenfälle. Bei den über 50 Meter hohen Fällen kommen Touristen nicht mehr aus dem Staunen heraus. Hier stürzt das Wasser mit einer durchschnittlichen Geschwindigkeit von 40 Kilometern pro Stunde in die Tiefe. Jede Minute strömen fast drei Millionen Liter Wasser hinunter.

Heiße Quellen mit sprudelnden Überraschungen

Wusstest du, dass sich in manchen Gebieten natürliche Wasserkocher tief in der Erde verstecken? Die sogenannten Geysire bestehen aus unterirdischen Kammern, in denen Wasser durch die Hitze des Erdinneren aufgeheizt wird. Wenn der Druck im Inneren steigt, kann das heiße Wasser spektakulär aus dem Boden schießen. Es entsteht eine Fontäne, die manchmal sogar höher als ein Haus heraussprudelt. Dabei sind die heißen Geysire sehr unvorhersehbar. Manche brechen alle paar Stunden aus, andere hingegen erst nach mehreren Jahren.

Die bekanntesten Geysire findet man im Yellowstone-Nationalpark in den USA. Zudem können Naturliebhaber faszinierende Geysire in Island, Neuseeland, Chile und Russland bestaunen.

Kostbare Schätze der Heimat

In Deutschland gibt es drei Naturgebiete, die von der UNESCO zum Weltnaturerbe erklärt wurden. Die UNESCO ist eine Organisation, die dabei hilft, besondere Orte und Dinge zu schützen, die wichtig für Mensch und Natur sind. Das können alte Gebäude, Naturwunder oder traditionelle Geschichten sein. Ein beeindruckendes Beispiel für ein Weltnaturerbe ist der Nationalpark Wattenmeer, der sich entlang der Nordseeküste erstreckt. Ebenso gehören die Alten Buchenwälder wie der Nationalpark Hainich und der Nationalpark Jasmund auf Rügen zum Naturerbe.
Die Grube Messel, ein weiteres Weltnaturerbe, ist ein ehemaliger Tagebau in einem Wald bei Darmstadt. Sie zählt zu den bedeutendsten Fossilienfundstätten der Welt.

Das ruhelose Wattenmeer

Stell dir vor, du bist am Strand und siehst das Meer. Manchmal ist das Wasser nah bei dir. Aber dann passiert etwas Magisches. Das Meer zieht sich zurück. Das Wasser wird weniger und weniger, bis der Meeresboden zu sehen ist. In der Nordsee bedeutet das, dass das Wasser mal höher (Flut) und mal niedriger (Ebbe) steht. Die Gezeiten sind das ständige Auf und Ab des Meerwassers. Warum passiert das? Der Mond zieht das Wasser mit seiner starken Anziehungskraft an. Wenn der Mond über dir ist, zieht er das Wasser zu sich hin (Flut). Aber wenn der Mond auf der anderen Seite der Erde steht, lässt seine Anziehung das Wasser wieder zurückgehen (Ebbe).

EINE REISE DURCH DEN KÖRPER

Superheld Mensch

Der menschliche Körper bildet täglich genug Energie, um eine 100-Watt-Glühbirne für ganze 24 Stunden zu betreiben. Aus Nahrung und Sauerstoff entwickelt unser Organismus viel Power. Alles in uns arbeitet perfekt zusammen. Und das läuft unbemerkt ab, denn wir müssen kein Knöpfchen drücken, um uns am Laufen zu halten. Einfach genial, wie intelligent unser Körper funktioniert.

Wunderwerk der Sinne

Wusstest du, dass die Nase eines Menschen in der Lage ist, rund eine Billion verschiedene Gerüche zu erkennen? Das ist mehr als das doppelte der Anzahl von Farben, die das menschliche Auge unterscheiden kann. Nasen sind gut darin, sich an neue Gerüche zu gewöhnen und finden es langweilig, immer die gleichen Düfte zu riechen. Wenn du zum Beispiel in einen stark riechenden Raum gehst, nimmst du den Duft anfangs intensiv wahr. Aber nach einiger Zeit schnupperst du ihn kaum noch. Das passiert, weil sich deine Riechzellen vorübergehend abschalten, um sich auf neue Gerüche zu konzentrieren. Cleveres Riechorgan.

Warum Gähnen ansteckend ist

Jeder kennt das. Die Person gegenüber reißt den Mund auf und fängt an zu gähnen. Auf einmal spürst du den Drang, das auch tun zu müssen. Warum ist das so? Wissenschaftler sehen das folgendermaßen: Wenn wir jemanden gähnen sehen oder sogar nur darüber lesen, wird eine spezielle Region im Gehirn aktiviert. Dieser Bereich im Hirn ist verantwortlich für Mitgefühl. Jetzt gelangen Signale an unsere Muskeln und lösen den unwiderstehlichen Drang aus, ebenfalls zu gähnen. Es ist, als ob unser Gehirn sagt: „Hey, wenn du müde bist, bin ich es auch!" Gähnst du schon?

Das größte Organ

Kein anderes Körperorgan kann größer werden als die Haut. Bei einem Erwachsenen bedeckt die Haut eine Fläche von etwa 1,5 bis 2 Quadratmetern. Dies entspricht in etwa der Fläche einer Tür. Die Hautfarbe variiert nicht nur zwischen Menschen, sondern auch auf einzelnen Körperregionen. Zum Beispiel sind die Brustwarzen oft dunkler als der Rest der Haut. Und hier kommt der kuriose Fakt: Das größte Organ erneuert sich alle 27 bis 30 Tage vollständig. Das bedeutet, dass du alle vier Wochen ein „neues" Du bist!

Der wichtige Schleim

Warum produziert der menschliche Körper täglich bis zu zwei Liter Schleim? Es mag eklig klingen, aber dein Körper arbeitet auf Hochtouren, um ständig neuen Schleim parat zu haben. Und das ist eine gute Sache. Schleim spielt eine wichtige Rolle im Körper. Er hilft, unsere Atemwege zu befeuchten und zu schützen, indem er Staub, Bakterien und andere Schadstoffe einfängt. Der Schleim enthält auch spezielle Enzyme, die schädliche Stoffe abwehren können. Demnach ist dein Körper jederzeit bestrebt, dich gesund zu halten.

Das menschliche Gerüst

Hast du gewusst, dass ein Neugeborenes mehr Knochen hat als ein Erwachsener? Tatsächlich kommen Babys mit etwa 300 Knochen zur Welt, während Erwachsene nur ungefähr 206 haben. Der Grund dafür liegt in der Entwicklung: Bei der Geburt sind einige Knochen im Körper eines Babys noch nicht vollständig miteinander verschmolzen. Im Laufe der Zeit wachsen und verbinden sich diese Knochen. Deshalb verringert sich die Anzahl der Knochen.

Der clevere Darm

Unser Darm besitzt so viele Nervenzellen, dass er oft als zweites Gehirn bezeichnet wird. Natürlich sitzt im Darm kein richtiges Gehirn. Aber was macht dieses sogenannte zweite Gehirn im Bauch? Es spielt eine wichtige Rolle bei unserer Stimmung und unserem Wohlbefinden. Die im Darm befindlichen Nervenzellen produzieren nicht nur 95 Prozent des Glückshormons Serotonin in unserem Körper, sondern beeinflussen auch unsere Gefühle und Gedanken. Der gesamte Verdauungstrakt hat eine beachtliche Länge. Mit fünf bis sieben Metern nimmt er eine Menge Platz im Bauch ein. Der Dünndarm macht den Großteil dieser Länge aus, normalerweise etwa vier bis sechs Meter. Der Dickdarm ist etwa 1,5 Meter lang. Du kannst deinen Darm schützen und verwöhnen, indem du gesundes Essen zu dir nimmst. Das liebt dein Körper über alles.

Kitzeln ohne Erfolg

Hast du jemals versucht, dich selbst zu kitzeln und dich gewundert, warum es nicht funktioniert? Es gibt einen wissenschaftlichen Grund dafür. Wenn wir gekitzelt werden, senden unsere Nerven Signale an unser Gehirn, die uns zum Lachen bringen. Aber wenn wir uns selbst kitzeln, kann unser Gehirn die Vorhersage machen, wann die Berührung kommen wird. Das mildert die Reaktion ab. Es ist ein Schutzmechanismus, der verhindert, dass wir uns selbst zu sehr reizen.

Heute schon gelacht?

Lächeln wirkt wie ein Wundermittel für die Gesundheit. Sobald wir lachen, passiert im Körper etwas Besonderes. Glückshormone werden freigesetzt und geben uns ein schönes Gefühl. Lachen stärkt auch unser Immunsystem und verbessert die Durchblutung. Stressige Situationen erscheinen weniger anstrengend, wenn wir ab und zu lachen. Das Gehirn reagiert positiv auf bestimmte Bewegungen in unserem Gesicht, unabhängig davon, ob das Lächeln echt oder gespielt ist. Daraufhin steigt unsere Stimmung. Außerdem hilft ein Lächeln dabei, schnell eine Verbindung zu anderen Menschen herzustellen. Wenn du lächelst, sendest du eine freundliche Botschaft aus, sodass sich andere in deiner Nähe wohlfühlen. Das kann dabei helfen, neue Freunde zu und bestehende Freundschaften zu stärken.

Stoppen unmöglich

Das Kribbeln in der Nase wird immer stärker. Kurz danach können wir ein kräftiges Niesen kaum zurückhalten. Aber warum ist es so schwer, niesen zu unterdrücken? Weil enorme Kräfte am Werk sind! Sobald wir niesen, schießt Luft mit einer Geschwindigkeit von bis zu 160 Kilometern pro Stunde aus der Nase. Unser Körper reagiert so, um uns vor Schmutz, Keimen und Staub zu befreien. Also hat die Natur einen geschickten Move in unserem Körper eingerichtet.

Zeit zum Schlummern

Wusstest du, dass sich in unserem Körper eine Uhr befindet? Diese innere Uhr sagt uns, wann es Zeit ist, zu schlafen. Am besten schlummern wir in einem abgedunkelten Zimmer. Bei Dunkelheit produziert unser Gehirn ein Hormon namens Melatonin. Das Hormon hilft uns beim Einschlafen. Wenn wir uns dagegen Licht aussetzen, zum Beispiel von Fernsehern oder Handys, wird weniger Melatonin gebildet. Unser Körper denkt dann, es ist noch Tag. So kann es zu Ein- und Durchschlafproblemen kommen. Deshalb empfehlen Schlafforscher, mindestens eine Stunde vor dem Zubettgehen keine digitalen Geräte zu nutzen und das Zimmer so gut es geht abzudunkeln. So steht einer entspannten Schlafenszeit nichts im Wege.

Flinke Zungenakrobatik

Warum ist unsere Zunge so flexibel? Unsere Zunge besteht aus Muskeln, die sich in alle möglichen Richtungen bewegen können. Deshalb fällt es uns leicht, verschiedene Geräusche zu machen und leckere Speisen zu genießen. Aber hier kommt der kuriose Teil: Unsere Zunge ist der einzige Muskel in unserem Körper, der nur an einer Seite befestigt ist und an der anderen Seite frei schwingt. Das ist vergleichbar mit einem extrem biegsamen Gummi. Bestimmt bist du gerade dabei, deine Zunge zu bewegen, oder?

Wahre Zauberkräfte

Wunden heilen und Knochen wachsen wieder zusammen – wie geht das? Das liegt an der Selbstheilungskraft unseres Körpers. In unserem Körper hält sich ein Team von Superhelden auf. Wenn wir uns verletzen, schicken unsere Zellen intelligente Reparaturtrupps, um den Schaden zu beheben. Spezielle Zellen, die weißen Blutkörperchen, kämpfen gegen Bakterien und Viren an. Und dann gibt es noch Fibroblasten, die neues Gewebe bilden. Wir müssen dem Körper etwas Zeit zum Heilen geben, damit wir wieder gesund durchs Leben ziehen können.

Es läuft und läuft und läuft

Was für eine geniale Klimaanlage! Sobald wir schwitzen, springt dieser Mechanismus an. Deshalb bleiben wir cool und unser Körper hält sich fit. Beim Schwitzen öffnen sich winzige Poren in unserer Haut und Schweiß tritt aus. Wenn dieser Schweiß verdunstet, kühlt das unseren Körper ab. Das ist besonders wichtig, wenn es draußen heiß ist oder wir uns beim Sport anstrengen. Vertraue auf deinen Körper – der regelt das. Allerdings braucht er deine Hilfe, indem du ausreichend trinkst. Dann bekommt dein Organismus genug Flüssigkeit, um die körpereigene Klimaanlage optimal am Laufen zu halten.

Das Herz, das nie müde wird

Dein Herz schlägt unaufhörlich, Tag und Nacht, ohne jemals Pause zu machen. Das wichtige Organ pumpt Blut durch deinen Körper, um ihn mit Sauerstoff und Nährstoffen zu versorgen. Das Blut nimmt dabei den Sauerstoff in deinen Lungen auf und transportiert ihn zu den Muskeln und Organen. Dann nimmt es die Abfallprodukte auf und bringt sie zur Ausscheidung. Das alles passiert in einem magischen Kreislauf, immer wieder von neuem. Etwa 100.000 Herzschläge am Tag vollbringt das faustgroße Organ. Zudem pumpt es ungefähr fünf Liter Blut pro Minute durch den Körper. Wow, einfach ein super ausgeklügeltes Organ mit unendlich viel Power!

Farbenfrohes Blut

Wusstest du, dass Blut nicht immer rot ist? Einige Tierarten haben tatsächlich andersfarbiges Blut. Zum Beispiel besitzt die Seepocke, eine Krebstierart, blaues Blut aufgrund eines speziellen Stoffes. Auch bestimmte Schmetterlingsarten haben gelbes oder grünes Blut. Beim Menschen erscheint Blut rot, da viele rote Blutkörperchen in unserer Körperflüssigkeit umherschwimmen und den Sauerstoff transportieren. Die Farbvariationen in Tierblut zeigen die bunte Vielfalt der Natur.

Schlaue Muskeln

Der Körper besitzt die erstaunliche Fähigkeit, sich an Bewegungen zu erinnern. Studien haben gezeigt, dass Muskeln bestimmte Informationen speichern können. Wenn wir eine Aktivität regelmäßig ausführen und dann für eine Weile pausieren, können wir uns bei einem Neustart schnell an die Bewegungsabläufe erinnern. Dieses Phänomen wird als Muskelgedächtnis bezeichnet. Das ist der Grund, warum wir Dinge wie Fahrradfahren oder das Spielen eines Musikinstruments nach längerer Pause ruckzuck draufhaben.

Das elastische Wunder

Unsere Haut ist enorm dehnbar. Das liegt an einem besonderen Protein namens Kollagen. Kollagen wirkt wie ein Gummiband. Aufgrund dessen kann sich die Haut dehnen und wieder zusammenziehen. Die hohe Flexibilität ist super praktisch, denn deine Haut wächst mit dir. Wenn du eine Grimasse ziehst, bleibt die Gesichtshaut nicht in der lustigen Position, sondern passt sich wieder an. Je älter wir werden, umso weniger Kollagen steckt in unserer Haut. Deshalb wird die Haut im Alter oft faltig.

Der Eisenmann von Deutschland

Matthias Schlitte verfügt über einen außergewöhnlich muskulösen rechten Unterarm. Durch eine seltene genetische Veränderung ist sein rechter Unterarm deutlich größer und stärker als der linke. Diese Besonderheit hat ihm den Spitznamen Eisenmann eingebracht. Matthias nutzt seine Kraft und Muskelmasse erfolgreich im professionellen Armdrücken. Sein Power-Arm verhalf ihm zu zahlreichen Siegen. Sobald wir unsere Stärken und das Anderssein nutzen, können spannende und großartige Dinge im Leben passieren.

Die kleinste Frau und der größte Mann

Jyoti Amge, aus Indien stammend, hält den offiziellen Guinness-Weltrekord als die kleinste lebende Frau der Welt. Mit einer Körpergröße von nur 62,8 Zentimetern fällt sie buchstäblich aus dem Rahmen. Mit einer Größe von 251 Zentimetern gilt Sultan Kösen aus der Türkei als der derzeit größte lebende Mensch weltweit. Doch wusstest du, dass der bisher größte Mensch in der Geschichte Robert Wadlow aus den USA war? Er erreichte eine Höhe von 272 Zentimetern und ist somit der größte Mensch aller Zeiten.

Wertvolle Hinterlassenschaften

Menschliche Ausscheidungen können einem wertvollen Zweck dienen. In einigen Ländern wird menschlicher Kot zur Herstellung von Biogas genutzt. Dazu zählen Länder wie Indien, Kenia und Uganda. Biogas erzeugt Energie, zum Beispiel für Strom. Darüber hinaus können aus Urin bestimmte Bestandteile für die Produktion von Pflanzendünger gewonnen werden. Diese Ideen sind clever, denn so tragen Abfallprodukte zum Umweltschutz bei.

GOOD NEWS AUS DEM NATURSCHUTZ

Rasenmähende Schafe

In einer kleinen Stadt namens Lake Elsinore in Kalifornien (USA) wurde ein ungewöhnliches Naturschutzprojekt ins Leben gerufen. Anstatt Rasenmäher zur Grünflächenpflege zu nutzen, hat die Stadt beschlossen, Schafe als lebendige Rasenmäher einzusetzen. Eine Herde von Schafen durchstreift die Parks und öffentlichen Flächen, um das Gras zu fressen. So wird das Gelände auf natürliche Weise gepflegt. Das Projekt schützt nicht nur die Umwelt, denn die flauschigen Tiere sorgen auch für viel Freude bei den Bewohnern.

Rückkehr der Meeresschildkröten

Dank intensiver Bemühungen im Meeresschutz gibt es eine wundervolle Erfolgsgeschichte: Die Population der Meeresschildkröten erholt sich weltweit! Vor einigen Jahrzehnten waren viele Arten bedroht. Heute zeigen Umweltschutzprojekte und der Einsatz von Meeresschutzgebieten tolle Ergebnisse. An einigen Stränden legen jetzt wieder mehr Schildkröten ihre Eier ab als je zuvor. Durch das Engagement von Wissenschaftlern und Umweltschützern haben diese faszinierenden Kreaturen eine Chance, sich zu erholen und weiterhin die Ozeane zu bereichern.

Der Kleiderständer und die Bäume

In dem indischen Dorf Piplantri haben die Bewohner eine Methode entwickelt, um die Umwelt zu pflegen und die Gemeinschaft zu stärken. Jedes Mal, wenn ein Mädchen geboren wird, pflanzt die Familie 111 Bäume und stellt einen Kleiderständer auf. Warum ein Kleiderständer? Das steht als Symbol: Mädchen sollen in Zukunft immer genug Kleidung zur Verfügung haben. Diese Tradition hat dazu geführt, dass in Piplantri bereits über 350.000 Bäume gepflanzt wurden. Das Dorf ist jetzt grüner als je zuvor. Des Weiteren hat sich die Dorfgemeinschaft enger zusammengeschlossen, um die Natur und die Zukunft ihrer Kinder zu bewahren.

Grüne Oasen auf Häusern

In immer mehr deutschen Städten sind Gebäude zu sehen, auf denen sich Dachgärten befinden. Das ist nicht nur schön anzusehen: Dachgärten schützen die Umwelt und verbessern das Wohlbefinden der Menschen. Berlin hat über 100 Hektar an grünen Dächern, was in etwa der Fläche von 140 Fußballfeldern entspricht. Diese grünen Oasen helfen, die Luftqualität zu verbessern und das Regenwasser zurückzuhalten. Außerdem erfreuen sich Insekten und Vögel daran, denn diese finden einen idealen Lebensraum. Und noch ein Bonus: Dachgärten dienen als Erholungsorte für Stadtbewohner. Ein einfaches Konzept wie Dachgärten hat somit viele großartige Effekte auf die Natur und die Lebensqualität.

Tanzende Blumen lieben Sonne

An den Straßen und Alleen in den Niederlanden stehen große und lustig anzusehende Blumen. Hierbei handelt es sich um Straßenlaternen, die wie Sonnenblumen aussehen. Die Laternen saugen Sonnenenergie auf, um Licht zu erzeugen. Doch das ist nicht alles! Die Solarblumen können sich der Sonne entgegendrehen, ähnlich wie echte Sonnenblumen. Sie „tanzen" im Laufe des Tages der Sonne nach, um die maximale Menge an Energie zu sammeln. Die Kombination aus Nachhaltigkeit und witzigem Design bringt nicht nur Licht in die Straßen, sondern auch ein Lächeln auf die Gesichter der Menschen.

Musikalische Mülltonnen in Schweden

Die schwedische Stadt Göteborg hat sich eine amüsante Strategie ausgedacht, um die Menschen zum Recycling zu ermutigen. Anstatt normale Mülltonnen zu verwenden, wurden die Tonnen mit musikalischen Sensoren ausgestattet. Jedes Mal, wenn jemand seinen Müll korrekt entsorgt, erklingt eine fröhliche Melodie aus der Tonne. Die musikalische Belohnung sorgt für jede Menge Spaß beim Recycling. Das Konzept hat dabei geholfen, mehr Leute dazu zu bringen, verwertbare Dinge richtig zu entsorgen.

Quakende Helfer als Problemlöser

Was für eine ungewöhnliche Zusammenarbeit: In den Reisfeldern Indonesiens arbeiten tierische Helfer fleißig im Kampf gegen Schädlinge – nämlich Frösche! Anstatt chemische Pestizide zu verwenden, setzen Reisbauern auf eine natürliche Lösung. Sie lassen Frösche frei, die sich von den Schädlingen ernähren. Insekten, Schnecken, Käfer & Co. sind ein großes Problem für Reisfelder. Doch die kleinen quakenden Mitarbeiter sind äußerst gut darin, ungebetene Gäste zu bekämpfen und die Reisernte zu schützen.

Abfall rein – Strom raus

Die schwedische Stadt Eskilstuna wandelt Müll in Wärme und Strom um. In einer riesigen Anlage namens „Waste-to-Energy" (Abfall-zu-Energie) wird der Abfall verbrannt. Diese Verbrennung erzeugt so viel Hitze, dass sie Wasser in Dampf verwandelt. Der Dampf treibt Turbinen an und das erzeugt Elektrizität. Auf diese Weise wird genug Strom produziert, um ganze 250.000 Haushalte zu versorgen. Aus dem, was andere als Müll betrachten, wird tatsächlich grüne Energie gewonnen.

Skurrile Monster machen Kunst

Die Einwohner von Kamikatsu in Japan haben beschlossen, ihren Müll nicht einfach wegzuwerfen. Kreative Köpfe tüftelten an einer spannenden Idee: Das Ziel war, den Abfall für etwas Schönes zu verwenden. So kam es dazu, dass Künstler eingeladen wurden. Sie machten sich an die Arbeit und verwandelten den Müll in kunstvolle Skulpturen. Es entstanden lustige und farbenfrohe Müllmonster, die nun die Straßen der Stadt schmücken. Das Projekt begeistert nicht nur die Bewohner, sondern geht beim Thema Recycling mit gutem Beispiel voran.

Elefantenretter in Aktion

Das Tierschutzprojekt Elephant Haven setzt sich für den Schutz bedrohter Elefanten ein. Europas erstes Elefantenschutzzentrum nimmt Dickhäuter in Not auf und bietet ihnen ein Zuhause. Elephant Haven befindet sich in Südwestfrankreich, genauer gesagt in der Nähe der Stadt Saint-Nicolas-Courbefy. Auf diesem weitläufigen Gelände haben Elefanten ein sicheres und artgerechtes Zuhause. Durch eine einfühlsame Betreuung gelingt es den Tierschützern, geretteten Elefanten eine zweite Chance zu geben. Das Projekt setzt damit ein wichtiges Zeichen für den Schutz der sanften Riesen.

Dean Schneider und seine Löwen

Der Schweizer Dean Schneider hat mit seinem Tierschutzprojekt weltweit Aufmerksamkeit erregt. Schneider lebt in Südafrika und widmet sein Leben dem Schutz und der Rettung wilder Tiere, insbesondere Löwen. Er baut eine Verbindung zu den Tieren auf und lebt mit ihnen zusammen. Durch seine Arbeit inspiriert er Menschen auf der ganzen Welt, sich für den Tierschutz einzusetzen. Millionen Menschen folgen seinem Leben auf Social Media-Kanälen. Es ist einfach erstaunlich, wie Mensch und Tier in Harmonie zusammenleben.

Aus Liebe zu den Affen

Michi Schreiber, eine deutsche Tierschützerin, setzt sich seit ihrer Jugend für Affen ein. Sie reiste nach dem Abitur nach Südafrika, um ein kleines Abenteuer zu erleben. Doch dann begegnete ihr ein in Not geratenes junges Äffchen. Die Begegnung änderte alles in ihrem Leben. Mit ihrem leidenschaftlichen Engagement trug sie dazu bei, über 200 geretteten Affen ein neues Zuhause zu geben. Durch ihre Arbeit als Vermittlerin zwischen Naturschutzorganisationen und Auffangstationen gibt sie bedrohten Primaten eine zweite Chance. Die junge Frau beweist, dass Einzelne mit Mut und Power einen großen Unterschied für bedrohte Tierarten bewirken können.

Die lustigen Quokkas von Rottnest Island

Auf der Insel Rottnest Island vor der Küste Westaustraliens sind viele Quokkas zu Hause. Diese niedlichen kleinen Beuteltiere, die aufgrund ihres Aussehens immer glücklich zu sein scheinen, werden dort im Rahmen eines Projektes betreut. Tierschützer kämpfen darum, Quokka-Lebensräume zu erhalten und sie vor den Bedrohungen der modernen Welt zu bewahren. So entstanden sichere Gebiete für die knuffigen Lebewesen. Außerdem arbeiten Tierschützer daran, ein respektvolles Verhalten von Besuchern im Umgang mit Quokkas zu fördern. Ein Mensch kann viel erreichen, aber sobald sich viele Menschen zum Schutz gefährdeter Tierarten zusammentun, können außergewöhnliche Dinge geschehen.

Rettung im Paradies

Die Seychellen, eine idyllische Inselgruppe im Indischen Ozean, setzen sich für den Schutz der Riesenschildkröten ein. Hier wird der bedrohten Schildkröte geholfen, ihr Überleben zu sichern. Durch den Schutz ihrer Brutstätten und die Wiederansiedlung gefährdeter Arten haben sich die Bestände der Riesenschildkröten in den letzten Jahren erholt. Was für ein Erfolg! Die gemütlichen Tiere können bis zu 1,80 Meter groß und 400 Kilogramm schwer werden. In freier Wildbahn haben sie eine Lebenserwartung von etwa 100-170 Jahren. Die Seychellen sind ein wahres Paradies, in dem Tierschutz ein wichtiges Thema ist.

Rückkehr der Wölfe

Im Nationalpark Harz in Deutschland findet ein besonderes Tierschutzprojekt statt - die Rückkehr der Wölfe. Nach jahrzehntelanger Abwesenheit kehren diese majestätischen Raubtiere in ihre einstige Heimat zurück. Naturfreunde arbeiten daran, den Wölfen einen sicheren Lebensraum zu bieten. Zudem hat sich das Projekt als Ziel gesetzt, das Zusammenleben von Mensch und Wolf zu unterstützen. Durch Aufklärungsarbeit und Schutzmaßnahmen wird das Verständnis für diese Tiere gestärkt.

Raus aus dem Wasser

Täglich landet eine riesige Menge an Plastikmüll im Meer. Das ist ein ernsthaftes Problem für unsere Ozeane und die Tiere, die darin leben. Stell dir vor, du hättest einen Eimer voller Plastikmüll. Jeden Tag landen etwa 8 Millionen Eimer voller Müll in den Meeren - 8 Millionen Eimer pro Tag! Das Plastikmüll-Problem im Meer ist so groß, dass es die Gesundheit der Meeresbewohner gefährdet und die gesamte Natur beeinflusst. The Ocean Cleanup, ein Meeresschutzprojekt, widmet sich dem Kampf gegen die Verschmutzung der Ozeane. Durch den Einsatz schwimmender Barrieren werden Plastikabfälle aus dem Wasser eingesammelt. Das Team von The Ocean Cleanup hat bereits viele Millionen Tonnen Plastikmüll aus den Meeren gefischt.

Wasser für alle

Viva con Agua ist eine engagierte Initiative, die sich für sauberes Trinkwasser auf der ganzen Welt einsetzt. Mit einer Mischung aus Kunst und Kreativität versucht Viva con Agua, Verständnis zu schaffen und Spenden zu sammeln. Die Initiative hat viele Wasserprojekte in Entwicklungsländern unterstützt. So war es möglich, neue Wasseranlagen sowie Waschräume und Toiletten zu bauen. Viva con Agua verändert damit das Leben von Millionen Menschen. Bekannte Künstler wie zum Beispiel Jan Delay, Marteria, Jan Josef Liefers, Samy Deluxe, Clueso und Casper unterstützen die Arbeit. Sie geben Konzerte und sind bei Spendenaktionen dabei, um ihre Bekanntheit für einen guten Zweck zu nutzen.

Marokko und die Kraft der Sonne

In der Wüste von Ouarzazate in Marokko wird ein Klimaschutzprojekt namens Noor Solar Complex umgesetzt. Hierbei handelt es sich um das größte Solarkraftwerk der Welt. Die riesige Anlage nutzt die Kraft der Sonne, um saubere Energie zu erzeugen. Mit Tausenden von Spiegeln konzentriert das Kraftwerk das Sonnenlicht auf einen zentralen Turm. Darin entsteht Dampf und dieser wird in Strom umgewandelt. Marokko hat mit dem Noor Solar Complex bewiesen, dass die Sonne wertvolle Energie auf die Erde schickt.

Die magischen Regenwälder

Regenwälder sind wichtig für das Klima, die Tiere und Pflanzen. Der Amazonas-Regenwald ist der größte tropische Regenwald der Welt und erstreckt sich über Südamerika. Hier fühlen sich außergewöhnliche Tiere wie zum Beispiel Jaguare, Giftfrösche, Riesenschlangen, Ameisenbären und viele andere pudelwohl. Damit das so bleibt, setzt sich das Umweltschutz-Projekt Rainforest Connection gegen die Abholzung der Regenwälder ein. Durch die Installation von modernen Überwachungsgeräten werden illegale Abholzungen erkannt und sofort gemeldet. Dadurch können Umweltschützer schnell reagieren und die Aktion stoppen. Das Projekt ist ein Riesenerfolg.

WUNDER DER WISSENSCHAFT

Der Apfel, der vom Baum fiel

Der berühmte Wissenschaftler Sir Isaac Newton saß im Jahr 1665 unter einem Apfelbaum, als plötzlich ein Apfel herunterfiel. Dieser unerwartete Moment löste bahnbrechende Ideen aus. Newton erkannte, dass die gleiche Kraft, die den Apfel zum Boden zog, auch für die Anziehung zwischen Erde und Mond verantwortlich sein könnte - die Schwerkraft! Die Entdeckung der sogenannten Gravitation brachte neue Erkenntnisse in der Welt der Physik. Der Forscher ebnete den Weg für viele weitere wissenschaftliche Erfindungen.

Der Glückstreffer, der in die Geschichte einging

Die Entdeckung der Röntgenstrahlen im Jahr 1895 durch Wilhelm Conrad Röntgen geschah rein zufällig. Röntgen experimentierte mit sogenannten Kathodenstrahlen. Er bemerkte, dass eine Substanz in der Nähe der Strahlen aufleuchtete, obwohl sie von einem undurchsichtigen Objekt verdeckt war. Der Wissenschaftler beschäftigte sich daraufhin genauer mit diesem Phänomen. Dies führte zur Entdeckung der Röntgenstrahlen. Röntgenstrahlen werden heute in der Medizin eingesetzt, um Bilder von Knochen und Gewebe im Inneren des Körpers zu machen. Es hilft den Ärzten dabei, Verletzungen, Brüche oder andere Probleme zu erkennen, ohne den Körper aufschneiden zu müssen. Die Erfindung der Strahlen gilt als einer der bedeutendsten Meilensteine in der Geschichte der Wissenschaft.

Die dampfenden Riesen

Die erste Dampfeisenbahn, die Stockton and Darlington Railway in England, wurde im Jahr 1825 eröffnet. Die Züge auf dieser Strecke erreichten damals eine Höchstgeschwindigkeit von etwa 24 Kilometern pro Stunde. Diese Geschwindigkeit mag im Vergleich zu heutigen Hochgeschwindigkeitszügen langsam erscheinen, aber zu jener Zeit war es eine beachtliche Geschwindigkeit. Die Idee, mit einer solchen Geschwindigkeit zu reisen, war für manche beängstigend. Einige Menschen waren besorgt, dass der Körper dem hohen Tempo nicht gewachsen sein könnte. Wie sich doch die Zeiten ändern – heutzutage möchten viele Leute so schnell wie möglich reisen.

Die Erfindung des Flugzeugs

Vor mehr als hundert Jahren gelang den Brüdern Wright ein Durchbruch: Sie erfanden das erste funktionierende Flugzeug. Am 17. Dezember 1903 hob ihr Flugzeug erfolgreich ab und flog 36 Meter weit. Diese mutige Erfindung veränderte die Art und Weise, wie Menschen die Welt entdecken. Bevor den Brüdern Wright der Durchbruch mit ihrem Flugzeug gelang, gab es viele Fehlversuche anderer mutiger Pioniere. Ein Beispiel ist der deutsche Ingenieur Otto Lilienthal. Er entwickelte in den 1890er Jahren Gleitflugapparate und unternahm über 200 Flugversuche. Obwohl er wichtige Erkenntnisse über das Fliegen gewann, endeten einige seiner Versuche tragisch. Lilienthal kam bei einem Flugunfall im Jahr 1896 ums Leben. Heute können wir mit Flugzeugen über Kontinente hinweg reisen. Jeden Tag bringen weltweit über 200.000 Flugzeuge ihre Passagiere und auch Fracht von einem Flughafen zum anderen.

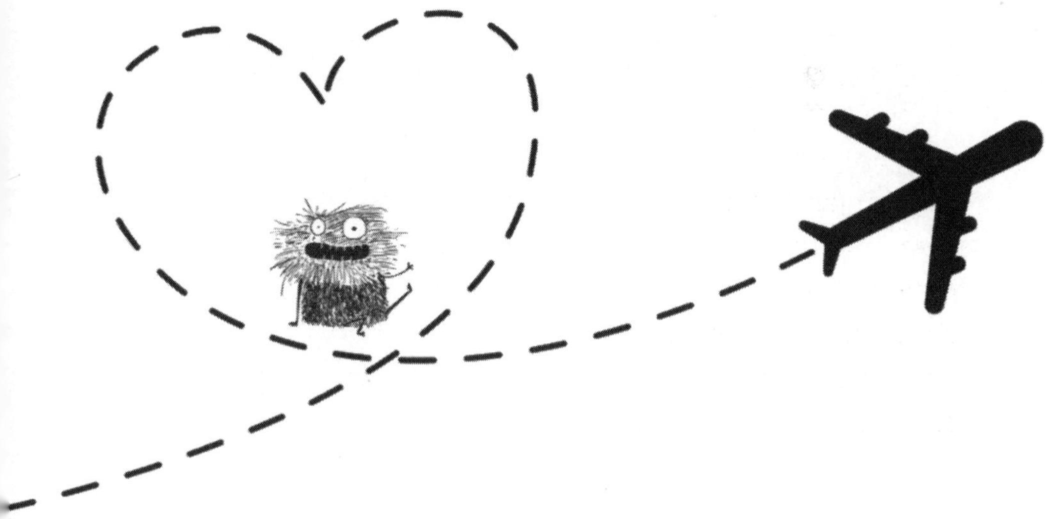

Die flinken Flitzer

Das schnellste Auto der Welt ist der Bugatti Chiron Super Sport 300+. Im Jahr 2019 erreichte er eine Höchstgeschwindigkeit von 490,48 Kilometern pro Stunde. Mit seiner Leistung ist der Bugatti der König der Straßen. Doch auch auf zwei Rädern gibt es ein absolutes Spitzenmodell. Das schnellste Motorrad weltweit ist die Dodge Tomahawk. Mit dem 10-Zylinder-Motor schafft sie ein Tempo von 676 Kilometern pro Stunde.

Der teuerste Computer der Welt

Für den Supercomputer Fugaku, der in Japan entwickelt wurde, muss man tief ins Portemonnaie greifen. Mit einem Preis von über einer Milliarde US-Dollar ist Fugaku ein kostspieliges Gadget. Der Computer steht im RIKEN Center for Computational Science in Kobe, Japan. RIKEN ist Japans größtes Forschungsinstitut. Der Supercomputer ist unglaublich leistungsstark und kann komplexe Berechnungen megaschnell durchführen. Er wird für wissenschaftliche Forschungen und sogar beim Kampf gegen Krankheiten wie COVID-19 eingesetzt. Fugaku zeigt eindrucksvoll, wie leistungsfähig und teuer moderne Geräte sein können.

Die verblüffende Welt der 3D-Drucker

Hast du schon von 3D-Druckern gehört? Das sind Maschinen, die Dinge aus dem Nichts erschaffen. Anstatt etwas zu formen oder zu schneiden, bauen 3D-Drucker Gegenstände Schicht für Schicht auf. Sie verwenden spezielle Materialien und folgen genauen Plänen. Mit 3D-Druckern können wir verschiedene Dinge wie zum Beispiel Spielzeug, Schmuck und Prothesen herstellen. Es gibt sogar 3D-Drucker, die Häuser bauen können. Sogar Lebensmittel wie Schokolade oder Nudeln können mit 3D-Druckern gemacht werden.

Besondere Hunde als Helfer in der Not

Wissenschaftler in den USA und Japan haben Roboter entwickelt, die wie echte Hunde aussehen. Diese realistischen Roboter können laufen, bellen, mit dem Schwanz wedeln und Tricks vollführen. Einerseits werden die Hunde als Haustier genutzt, vor allem in asiatischen Ländern. Andererseits sind die Roboter ideale Rettungshunde, um Menschen in gefährlichen Situationen zu finden. Ihre Fähigkeit, unwegsames Gelände zu erkunden und Trümmerhaufen zu durchsuchen, macht sie zu besonderen Helfern. Allerdings kann Technologie nie einen echten Hund ersetzen, der zum Beispiel aus purer Freude fast bis an die Decke hüpft, wenn das Herrchen oder Frauchen nach Hause kommt.

Tanzende Roboter

Wusstest du, dass Roboter nicht nur Aufgaben erledigen, sondern auch das Tanzen lernen? Wissenschaftler machen immer mehr Fortschritte in der Entwicklung von Robotern, die tanzen können. Die Maschinen führen verschiedene Tanzschritte aus und bewegen sich im Takt der Musik. Sie verwenden Sensoren und spezielle Programme, um Bewegungen zu erkennen und nachzuahmen. Die tänzelnden Maschinen sind nicht nur lustig anzusehen, sondern helfen den Forschern dabei, menschenähnliche Bewegungen besser zu verstehen.

Wenn Maschinen fliegen lernen

Drohnen kreisen schon lange durch die Lüfte. Allerdings haben die Maschinen eine faszinierende Weiterentwicklung gemacht. Die neueste Generation von Drohnen ist mit künstlicher Intelligenz ausgestattet. So erkennen Drohnen Hindernisse, fliegen autonom (selbstständig) und erledigen komplizierte Aufgaben. Sie können in der Landwirtschaft eingesetzt werden, um Felder zu überwachen und zu bewässern. Zudem liefern sie Pakete direkt an die Haustür. Die Einsatzmöglichkeiten sind endlos. In den nächsten Jahren sind bestimmt Dinge machbar, die wir uns jetzt noch nicht vorstellen können.

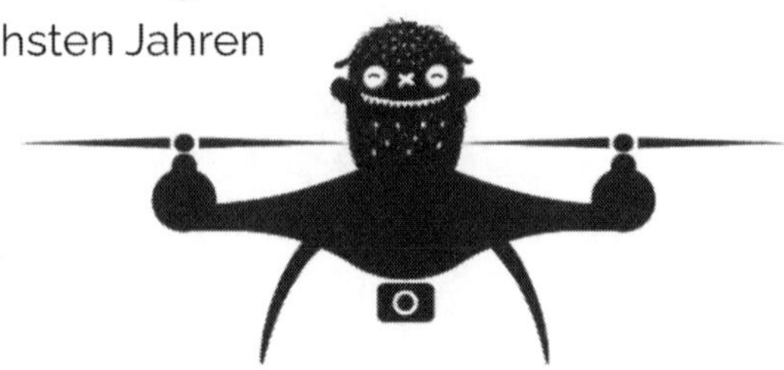

Winzige Wesen im menschlichen Körper

Klitzekleine Roboter spielen in Zukunft eine große Rolle. Es werden winzige Maschinen entwickelt, die im Körper medizinische Aufgaben erfüllen sollen. Diese Nanoroboter könnten zum Beispiel Krebszellen bekämpfen oder Medikamente direkt an bestimmte Stellen im Körper platzieren. Durch ihre geringe Größe erreichen sie Körperregionen, die für normale Behandlungsmethoden schwer zugänglich sind. Die Medizin entwickelt sich in eine aufregende Richtung.

Die Zukunft des Reisens

Hyperloop ist eine neue Technologie, die das Reisen verändern könnte. Hier geht es um ein Transportsystem, bei dem Kapseln mit hoher Geschwindigkeit durch eine Vakuumröhre sausen. Durch den fehlenden Luftwiderstand können sie Geschwindigkeiten von über 1.000 Kilometern pro Stunde erreichen. So wäre das Reisen zwischen Städten in kürzester Zeit möglich. Das lässt die Welt noch näher zusammenrücken. Verschiedene Unternehmen, darunter SpaceX und Virgin Hyperloop in Kalifornien (USA), arbeiten an der Entwicklung des Hyperloops.

Mode trifft Technologie

Kennst du intelligente Kleidung? Kreative Köpfe haben sich ans Werk gemacht und Mode mit Technik vereint. Intelligente Kleidungsstücke sind mit Sensoren und elektronischen Teilen ausgestattet. Die Technik in den Klamotten sammelt Daten und verarbeitet diese. Herzfrequenz überwachen, Körperhaltung analysieren, Schritte zählen – das und noch einiges mehr kann intelligente Kleidung. Die Infos werden auf dem Smartphone zusammengefasst, sodass der Nutzer einen Überblick zu den gewünschten Themen bekommt.

Selbstfahrende Autos erobern Straßen

Autonome Fahrzeuge sind nicht nur eine Idee, sondern Realität. Autos können dank ausgeklügelter Technologie selbstständig fahren, ohne menschliches Eingreifen. Anhand von Sensoren, Kameras und künstlicher Intelligenz analysieren sie ihre Umgebung, erkennen Verkehrsschilder und navigieren sicher durch den Verkehr. Von autonomen Fahrzeugen erhoffen sich Experten viele Vorteilen. Dazu zählen zum Beispiel erhöhte Verkehrssicherheit und verbesserte Mobilität für Menschen, die nicht selbst fahren können. Die Fortschritte auf diesem Gebiet bieten die Chance, unsere Straßen sicherer und unseren Alltag bequemer zu machen. Allerdings stehen einige Fachleute dem eher skeptisch gegenüber. Noch sind Autos ohne menschliche Fahrer in einer frühen Phase der Entwicklung.

Virtuelle Welten zum Greifen nah

Holographische Projektionen sind Technologien, mit denen virtuelle Welten zum Leben erweckt werden. Stell dir vor, du befindest dich mitten in deinem Lieblingsvideospiel und springst mit deiner Spielfigur durch verschiedene Welten. Das wäre fast so, als ob du live dabei bist. Diese Projektionen können sogar in der Medizin verwendet werden, um Ärzten bei schwierigen Operationen zu helfen. Japan ist Vorreiter beim Thema Holographie in der Musikbranche. Ein bekanntes Beispiel ist Hatsune Miku, eine virtuelle Pop-Sängerin. Hatsune Miku existiert nicht im echten Leben. Der digitale Popstar gibt nur holographische Konzerte und ist damit megaerfolgreich.

Magische Zeichnungen in der Luft

In deiner Federmappe befinden sich bestimmt viele Stifte, aber kein 3D-Stift, oder? Mit diesem besonderen Stift kannst du wie ein Zauberer zeichnen, aber nicht auf Papier, sondern direkt in der Luft. Diese Stifte verwenden geschmolzenes Plastik, das beim Austreten schnell abkühlt und aushärtet. 3D-Stifte machen es möglich, in alle Richtungen zu zeichnen, ähnlich wie mit einem normalen Stift auf Papier. Der Unterschied besteht darin, dass die Linien, die du mit einem 3D-Stift erstellst, ein gewisses Volumen haben. Mit diesen magischen Stiften kann man beispielsweise Skulpturen, Schmuckstücke oder andere kreative Dinge erstellen. So entstehen dreidimensionale Kunstwerke, die du buchstäblich in die Hand nehmen kannst.

Das clevere Fahrrad

Wusstest du, dass es ein Fahrrad gibt, das wie von Zauberhand fährt? Das elektronische Rad verwendet Sensoren und andere technische Gadgets, um das Gleichgewicht zu halten, während du fährst. Selbst wenn du die Hände vom Lenker nimmst oder versuchst, das Fahrrad umzustoßen, bleibt es stabil und fährt weiter. Diese Technologie kann Fahranfängern oder Personen mit Balanceproblemen helfen, das Fahrradfahren zu erleichtern. Übrigens heißt das Konzept „selbstausgleichendes Fahrrad".

Wenn Züge schweben

Jetzt geht es um eine spannende Entwicklung in Japan: Magnetschwebebahnen. Die Züge schweben über den Gleisen, anstatt auf ihnen zu fahren. Die bekannteste Strecke ist die Maglev-Bahn zwischen den Städten Tokyo und Nagoya. Mit atemberaubender Geschwindigkeit und nahezu ohne Reibung gelangen sie von einem Ort zum anderen. Die Magnetschwebebahnen sind wirklich extrem schnell. In Japan erreichen sie Geschwindigkeiten von bis zu 603 Kilometern pro Stunde. Das macht sie zu den schnellsten Zügen der Welt.

Das verschwundene Kabel

Hier folgt eine weitere geniale Entdeckung: die drahtlose Energieübertragung. Wissenschaftler haben eine Methode erforscht, um Strom ohne Kabel oder Stecker zu übertragen. Diese Methode funktioniert mithilfe von Magneten. Hierbei wird Energie durch Magnetfelder von der Quelle zu einem Gerät weitergeleitet. Kabel werden dafür nicht benötigt. Ein Beispiel dafür ist das drahtlose Laden von Smartphones durch Induktionsladegeräte. Mit dieser Technik können nicht nur Handys versorgt, sondern sogar Fahrzeuge drahtlos aufgeladen werden. So gehören verhedderte Kabel oder leere Batterien der Vergangenheit an. Bequem + umweltfreundlich = super!

Die fliegenden Taxis von Dubai

In der fernen Wüstenstadt Dubai gibt es besondere Fahrzeuge - fliegende Taxis! Anstatt im Verkehrsstau festzustecken, können Menschen in einem sogenannten Volocopter am Himmel schweben. Diese fliegenden Taxis sehen aus wie kleine Helikopter, sie haben aber keine Rotorblätter. Stattdessen werden sie von Elektromotoren angetrieben und können bis zu zwei Personen transportieren. Dubai ist Vorreiter in Sachen Technologie. Die Entwicklung von Volocopter zeigt das Bestreben der Stadt, moderne Lösungen für Transportprobleme zu finden. Auch in Deutschland werden Volocopter hergestellt und in die ganze Welt verkauft.

ERFINDUNGEN, DIE DIE WELT VERÄNDERTEN

Kleiner Fehler mit großer Wirkung

Die Erfindung des Kaugummis, das Blasen bilden kann, geschah unbeabsichtigt. Der Chemiker Walter Diemer experimentierte im Jahr 1928 mit einer neuen Formel für Kaugummi. Dabei verwendete er versehentlich doppelt so viel Zuckersirup. Statt den Fehlschlag wegzuwerfen, bemerkte Diemer, dass das Kaugummi elastischer und dehnbarer war als zuvor. Dieser Zufall wurde später zu einem weltweiten Erfolg. Die Geschichte beweist: Fehler sind nichts Schlechtes, sondern oft wichtig, um neue und schöne Dinge zu entdecken.

Vom Schokoriegel zur Mikrowelle

Jetzt kommen wir zu einer weiteren Entdeckung aus dem Jahr 1945, die versehentlich zum Erfolg führte. Der amerikanische Ingenieur Percy Spencer liebte Schokoriegel. So kam es, dass er während seiner Arbeit einen leckeren Snack in der Hosentasche hatte. Als er sich in der Nähe eines Gerätes befand, das Mikrowellen von sich gab, fing der Riegel an zu schmelzen. Dieser Moment war der Beginn eines der beliebtesten Haushaltsgeräte weltweit. Heute können wir Essen in Sekundenschnelle erwärmen. Im Jahr 1947 wurde der erste Mikrowellenofen von der Firma Raytheon auf den Markt gebracht.

Der Weg zum Licht

Thomas Edison spielte eine entscheidende Rolle bei der Entwicklung der Glühbirne. Der Erfinder probierte in den 1870er Jahren über 1.000 verschiedene Materialien aus, um den perfekten Glühdraht zu finden. Er soll sogar Barthaare seines Mitarbeiters getestet haben. Obwohl dies keine erfolgreiche Lösung war, zeigt es Edisons Experimentierfreude. Irgendwann musste es doch funktionieren, da war sich der Tüftler sicher. Letzten Endes gelang sein Vorhaben mit einem Glühdraht aus Kohlefäden. Es waren somit viele Misserfolge notwendig, um eine Glühbirne zum Leuchten zu bringen. Sein Motto war: „Der sicherste Weg zum Erfolg ist immer, es noch einmal zu versuchen."

Die Geburtsstunde des Telefons

Reisen wir ins Jahr 1859 nach Frankfurt am Main: Philipp Reis gelingt es, Töne in Strom umzuwandeln und das dann als Schall wiederzugeben. "Das Pferd frisst keinen Gurkensalat" lautete der erste telefonisch übermittelte Satz. Kurz vor seinem Tod im Jahr 1874 kündigte Philipp Reis an, der Welt eine große Erfindung zu hinterlassen. Damit lag er goldrichtig. Der Amerikaner Graham Bell arbeitete weiter an der Verbesserung des Telefons und meldete das Gerät offiziell an.

Der Anfang von etwas ganz Großem

Karl Benz und Gottlieb Daimler gelten als Helden der Automobilindustrie. Karl Benz entwickelte 1886 das erste motorgetriebene Fahrzeug, das als Benz Patent-Motorwagen bekannt wurde. Dieses Fortbewegungsmittel war ein dreirädriges Fahrzeug. Auch Gottlieb Daimler arbeitete an der Entwicklung eines Autos. Daimler baute einen Motor, der leicht genug war, um in Fahrzeuge eingebaut zu werden. Er fertigte ein Auto, das er „Daimler Motorkutsche" nannte. Am Anfang fanden die meisten Leute Autos nicht so toll. Viele Menschen betrachteten das Auto als zu laut, schnell und gefährlich. Es dauerte einige Zeit, bis sich das Automobil als beliebtes Transportmittel durchsetzte.

Der kuriose Start der Zahnbürste

Wusstest du, dass die allererste Zahnbürste aus Wildschweinborsten und einem Knochengriff hergestellt wurde? Im 15. Jahrhundert war das eine wichtige Erfindung. Viele Menschen litten in dieser Zeit an schlechter Mundhygiene. Daraus gingen nicht nur Zahnprobleme, sondern auch andere Krankheiten hervor. Zahnbürsten verbesserten die Gesundheit enorm. Allerdings gab es damals nicht für jeden eine eigene Zahnbürste – das Bürstchen wurde mit mehreren Familienmitgliedern geteilt! Zum Glück haben wir heute modernere Bürsten und können uns über eine eigene Zahnbürste freuen.

Glücklicher Zufall mit ekligem Käse

Alexander Fleming entdeckte das Penicillin im Jahr 1928 zufällig. Während er in seinem Londoner Labor arbeitete, fand er eine Schale mit einer verschimmelten Käseprobe wieder. Es war Schimmel zu sehen, der das Wachstum von Bakterien hemmte. Durch diesen Vorfall stellte er fest, dass der Schimmelpilz eine antibakterielle Wirkung haben musste. Fleming begann, den Schimmelpilz genauer zu untersuchen und entwickelte daraus den Wirkstoff Penicillin. So entstand das erste Antibiotikum. Es veränderte die Behandlung von Infektionskrankheiten grundlegend, denn die Sterblichkeit nahm stark ab und viele Erkrankungen konnten geheilt werden.

Die Kraft der klebenden Pflanzen

Der Schweizer George de Mestral spazierte im Jahr 1941 umher. Nach dem Ausflug bemerkte er kleine Pflanzensamen, die sich hartnäckig an seinen Socken und dem Fell seines Hundes festhielten. Fasziniert von der natürlichen Haftkraft, entwickelte er ein System aus kleinen Haken und Schlaufen. Das Ergebnis war der Klettverschluss, der seitdem als eine der beliebtesten Verschlussarten weltweit zum Einsatz kommt.

Der Schuh, der Fußballgeschichte schrieb

Der Deutsche Adolf Dassler, bekannt als Adi, war neben seinem Bruder Rudolf Mitbegründer des Unternehmens Adidas. Bereits 1920 kreierte Adolf die ersten Sportschuhe. Im Jahr 1925 erfindet Dassler einen ganz besonderen Schuh, den Stollenschuh. Zudem hat er die Idee, die damals üblichen hohen Fußballstiefel durch knöchelfreie Schuhe zu ersetzen. Mit erstaunlichen Auswirkungen: Während die Ungarn beim WM-Endspiel 1954 fast im Matsch versinken, laufen die Deutschen dank richtigem Schuhwerk zur Höchstform auf. Außenseiter Deutschland gewann das Turnier mit einem 3:2-Ergebnis. So wurde Deutschland zum ersten Mal Fußball-Weltmeister. Rudolf Dassler gründete später ein eigenes Unternehmen namens Puma. Adidas und Puma sind heute zwei der weltweit führenden Sportbekleidungs- und Schuhunternehmen.

Die langlebige Hose

1873 erfindet der in Deutschland geborene Levi Strauss die Jeans. Begonnen hatte er mit dem Verkauf von Hosen aus Zeltplane an Goldgräber im Westen Amerikas. Später verwendete er Baumwollstoff, dessen Nähte allerdings schnell einrissen. Erst die Idee seines Schneiders, die empfindlichen Stellen mit Kupfernieten zu versehen, machte die Jeans zu einem Welterfolg. Gemeinsam mit seinem Geschäftspartner gründete Strauss die Firma Levi Strauss & Co. in San Francisco (USA). Die Jeans entwickelte sich zu einem weltweiten Trend sowie zu einem Symbol für Freiheit und Abenteuer.

Die zauberhafte Verwandlung

Der Genuss von leckerem Eis an einem heißen Sommertag ist einfach wunderbar. Doch wusstest du, dass Eis am Stiel durch einen Zufall entstanden ist? Im Jahr 1905 ließ der elfjährige Amerikaner Frank Epperson sein mit Limonade gefülltes Glas versehentlich draußen stehen. In dem Glas befand sich auch ein Löffel. Über Nacht gefror die Limonade und als er diese am nächsten Morgen entdeckte, hatte er eine geniale Idee. Er zog den gefrorenen Löffel heraus und voilà - das erste Stieleis war geboren!

Der erste Computer

1938 legte Konrad Zuse den Grundstein für das, was heute nicht mehr wegzudenken ist: den ersten frei programmierbaren Computer. Der Deutsche war Ingenieur, aber er mochte das Rechnen nicht. Also ließ er seinen technischen Fähigkeiten und seiner Kreativität freien Lauf. Dafür gab er 1936 seine Arbeitsstelle bei der Firma Henschel Flugzeugwerke auf. Er richtete im Wohnzimmer seiner Eltern eine Werkstatt ein. Der damals 26-jährige Zuse erfand schon bald eine einzigartige Maschine. Er baute den Rechner Z1, der jedoch rein mechanisch funktionierte. Zuse arbeitete weiter an dem Gerät, sodass 1941 der erste programmierbare Rechner Z3 das Licht der Welt erblickte. Dieser wird als erster Computer der Welt angesehen.

Die Mutter der Handys

Das Handy Motorola DynaTAC 8000X wurde im September 1983 in den USA als erstes Mobiltelefon zugelassen. Das Gerät wurde aufgrund seiner Form und seines Gewichts von fast einem Kilogramm als Knochen bezeichnet. Obwohl es einen hohen Preis von 4.000 Dollar hatte, wurde es im ersten Jahr etwa 300.000-mal verkauft. Der Akku hielt nur für ungefähr eine Stunde, aber das war damals eben normal. Die neue Technologie war der Startschuss für die Verbreitung von Mobiltelefonen. Heute sind Mobilgeräte nicht mehr wegzudenken. Mittlerweile nutzen weltweit fast 4 Milliarden Menschen ein Smartphone.

Mutige Experimente, beeindruckende Erfolge

In der Geschichte der Medizin gab es gefährliche Experimente, die zu bahnbrechenden Erfolgen führten. Im Jahr 1809 wagte der britische Chirurg James Blundell ein riskantes Experiment, um Bluttransfusionen zu testen. Er führte die erste erfolgreiche Blutübertragung bei einem Menschen durch. Der Chirurg rettete das Leben eines Patienten, indem er ihm Blut von einem Spender verabreichte. Diese mutige Tat legte den Grundstein für die moderne Bluttransfusionsmedizin. Seitdem retten Blutspenden vielen Menschen das Leben.

Der tollkühne Held der Luftfahrt

Im Jahr 1783 wagte sich der französische Physiker Jean-François Pilâtre de Rozier an ein Abenteuer: Er wollte als erster Mensch einen Flug in einem Heißluftballon unternehmen. Doch während des Fluges bemerkte de Rozier ein Problem - der Ballon begann zu sinken. Ohne zu zögern, schnappte er sich eine Heugabel und stieß sie in den brennenden Heizkessel des Ballons. So füllte sich der Ballon erneut mit heißer Luft. Sein flinkes Handeln rettete de Rozier das Leben und ermöglichte es ihm, sicher auf den Boden zurückzukehren.

Bücher für alle

Lass uns einen Blick auf eine verblüffende Erfindung werfen: das Buchdruckverfahren von Johannes Gutenberg im 15. Jahrhundert. Vor dieser Entdeckung wurden alle Bücher von Hand geschrieben, was zeitaufwändig und teuer war. Aber Gutenberg erfand die Druckerpresse, die es ermöglichte, Bücher viel schneller und kostengünstiger herzustellen. Das bedeutete, dass Wissen und Geschichten leichter verbreitet werden konnten. Eines der ersten Bücher, das mit Gutenbergs Druckerpresse gedruckt wurde, war die Bibel. Gutenbergs Arbeit öffnete die Tür zu einem neuen Zeitalter des Wissens und beeinflusste die ganze Welt.

Das Allround-Genie des 15. Jahrhunderts

Leonardo da Vinci lebte im 15. Jahrhundert und war ein vielseitig interessierter Mann. Neben seinen Flugzeugentwürfen erforschte er auch den Aufbau des menschlichen Körpers. Er schuf genaue Zeichnungen, die für die Medizin von unschätzbarem Wert waren. Des Weiteren malte er berühmte Kunstwerke wie die Mona Lisa und das Abendmahl. Da Vinci arbeitete auch als Ingenieur und entwarf moderne Tauchanzüge, Panzer und Brücken. Was Leonardo da Vinci so besonders macht, ist seine Fähigkeit, Kunst und Wissenschaft zu verbinden.

Das runde Ding, das alles veränderte

In der Geschichte der Menschheit gibt es eine Erfindung, die zu einer riesigen Veränderung führte: das Rad. Stell dir vor, wie das Leben war, bevor es Räder gab. Alles musste getragen werden und Reisen dauerten viel länger. Aber dann kam das runde Etwas. Es wurde vor Tausenden von Jahren erfunden. Plötzlich konnten Dinge und Menschen schneller bewegt werden. Radfahrzeuge wie Kutschen und später Autos ermöglichten es, die Welt zu erkunden. Das Rad war eine der bedeutendsten Erfindungen, die jemals gemacht wurden.

ABENTEURER UND IHRE UNGLAUBLICHEN GESCHICHTEN

In 72 Tagen um die Welt

Im Jahr 1889 begab sich die amerikanische Journalistin Nellie Bly auf ein mutiges Abenteuer. Inspiriert von Jules Vernes Roman "In 80 Tagen um die Welt" startete sie ihre eigene Weltreise. Mit nur einem kleinen Koffer und ihrem Traum reiste sie in Rekordzeit von 72 Tagen um die Welt. Dabei nutzte Nellie Bly Schiffe, Kutschen, Züge und natürlich ihre Beine. Ihr Abenteuer machte sie zur berühmtesten Reporterin ihrer Zeit und ermutigt noch heute junge Entdecker, ihren Träumen zu folgen.

Der verlorene Schatz des Piraten Blackbeard

Der berüchtigte Pirat Blackbeard, auch bekannt als Edward Teach, war im 18. Jahrhundert eine Schreckensgestalt der sieben Weltmeere. Nach seinem Tod im Jahr 1718 rankten sich zahlreiche Legenden um seinen verborgenen Schatz. Über die Jahrhunderte hinweg haben mutige Schatzsucher versucht, das Geheimnis zu lüften. Im Jahr 1996 wurde vor der Küste North Carolinas tatsächlich ein Wrack entdeckt, das vermutlich Blackbeards Schiff, die Queen Anne's Revenge, war. In den Ruinen wurden goldene und silberne Münzen, Juwelen und andere Schätze gefunden. Doch der legendäre Hauptfund, der als der eigentliche Schatz von Blackbeard gilt, bleibt bis heute unauffindbar.

Alexander von Humboldt und sein gefährliches Abenteuer

Wusstest du, dass der berühmte Naturforscher Alexander von Humboldt im Jahr 1802 einen aktiven Vulkan bestieg? Auf seiner Expedition in Südamerika wagte er sich bis zum Gipfel des Chimborazo in Ecuador, einem der höchsten Vulkane der Welt. Trotz der extremen Höhe und der gefährlichen Bedingungen erreichte Humboldt den Gipfel. Dort führte der Forscher wissenschaftliche Messungen durch. Humboldt sammelte neue Informationen über die Geschichte der Erde sowie den Einfluss von Vulkanen auf die Natur. Spannende Abenteuer und die Erforschung der Welt – das liebte Humboldt über alles.

Mit dem Rad um die Welt

Der schottische Radrennfahrer Mark Beaumont nahm im Alter von 15 Jahren an der World's Longest Bike Race teil, einer extremen Fahrrad-Rallye. Der Weg führte von Alaska bis nach Argentinien und erstreckte sich über 16.000 Kilometer. Er radelte die Strecke in 194 Tagen und stellte damit einen neuen Rekord auf. Später, im Jahr 2017, absolvierte er eine weitere herausfordernde Radtour: Er umrundete die Welt in weniger als 79 Tagen – ein weiterer Rekord. Mark Beaumonts schaffte das, weil er ein klares Ziel vor Augen hatte und sich einen großen Traum erfüllen wollte. Mit Ausdauer und Entschlossenheit trat er kräftig in die Pedale und erreichte sein Ziel.

Die größte Unterwasserhöhle

Zwei Taucher entdeckten in Mexiko die größte Unterwasserhöhle der Welt. Der Brite Steve Bogaerts und sein deutscher Kollege Robbie Schmittner fanden im Jahr 2007 auf der Halbinsel Yucatan ein Höhlensystem von insgesamt 153 Kilometern Länge. Die beiden Taucher benötigten vier Jahre und rund 500 Tauchgänge, um das Höhlensystem in seiner vollen Länge zu erkunden. Einige Durchgänge waren so riesig, dass ein Flugzeug hindurch gepasst hätte. Und dann gab es sehr enge Höhlengänge, bei denen die Taucher ihre Ausrüstung abnehmen mussten.

Die erste Frau, die allein um die Welt flog

Amelia Earhart war eine mutige Frau, die im Jahr 1932 als erste weibliche Pilotin den Atlantik überquerte. Doch ihr größtes Abenteuer war ihre Weltumrundung im Jahr 1937. In einem kleinen Flugzeug namens Lockheed Electra startete sie von Miami aus zu ihrem historischen Flug. Leider verschwand sie während des Fluges über dem Pazifischen Ozean spurlos. Bis heute bleibt ihr Schicksal ungeklärt und ihre Geschichte fasziniert junge Abenteurer auf der ganzen Welt.

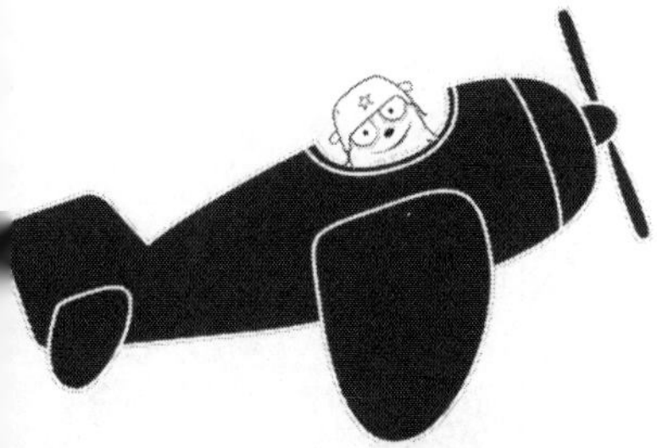

Die Entdeckung der Grabkammer des Tutanchamun

Im Jahr 1922 machte der britische Archäologe Howard Carter eine faszinierende Entdeckung in Ägypten. Nach jahrelanger Suche fand er die bis dahin unberührte Grabkammer des Pharaos Tutanchamun. Die Grabstätte war reich mit kostbaren Schätzen und Kunstwerken gefüllt, darunter die berühmte goldene Totenmaske des jungen Pharaos. Durch die Erforschung von Tutanchamuns Grabkammer bekamen Menschen einen tiefen Einblick in das Leben im alten ägyptischen Königreich.

Charles Darwins Suche nach geheimnisvollen Tieren

1831 begab sich der abenteuerlustige Charles Darwin auf eine fünfjährige Schiffsreise. Er segelte über den Ozean zu fernen Ländern und exotischen Inseln. Dort entdeckte Darwin Pflanzen und Tiere, von denen niemand zuvor gehört hatte. Er sammelte wilde Vögel, farbenfrohe Schmetterlinge und sogar Skelette von riesigen Säugetieren. Diese Funde halfen ihm, eine neue Theorie über die Entstehung und Entwicklung von Lebewesen aufzustellen. Darwin fand heraus, wie sich Arten im Laufe der Zeit verändern und an ihre Umgebung anpassen. Charles Darwins Theorien werden oft als Darwinismus oder Evolutionstheorie bezeichnet.

Der Eroberer des Südpols

Der Norweger Roald Amundsen erreichte den Südpol am 14. Dezember 1911 - nach 2.600 Kilometern in 99 Tagen.. Nach einer monatelangen Strapaze und einer lebensgefährlichen Expedition überquerte er erfolgreich die letzten Kilometer. Amundsen stand schließlich am südlichsten Punkt der Erde. Dieses historische Ereignis war der Höhepunkt seiner Karriere als Polarforscher und machte ihn zu einer Legende. Amundsen und sein Team waren die Ersten, die den Südpol erreichten. Danach kehrten sie sicher zu ihrer Basis zurück.

Die abenteuerliche Reise des James Cook

Der Entdecker James Cook unternahm in den 1770er Jahren eine Schiffsreise um die Welt. Während seiner Expedition entdeckte er viele faszinierende Orte, wie zum Beispiel die Ostküste Australiens. Aber wusstest du, dass Cook auch ein ungewöhnliches Mittel gegen eine Erkrankung namens Skorbut erfand? Seine Mannschaft litt oft an dieser Krankheit. Cook tischte seinen Leuten frisches Obst und Gemüse auf. Das half ihnen, gesund zu werden und zu bleiben. So wurde Cook nicht nur ein Entdecker, sondern auch ein Pionier in der Seefahrtsmedizin.

Eine Geschichte über Mut und Menschlichkeit

Vor über 100 Jahren begab sich Ernest Shackleton auf eine Expedition in die Antarktis. Sein Schiff, die Endurance, wurde vom Eis beschädigt und sank. Shackleton und seine Mannschaft mussten tagelang auf Eisschollen überleben, bevor sie eine winzige Insel erreichten. Von dort aus unternahm Shackleton eine riskante Mission und rettete schließlich alle seine Männer: Er schnappte sich ein kleines Rettungsboot und ruderte los. Shackleton machte sich auf den gefährlichen Weg über den Südatlantik zur Walfangstation auf der Insel South Georgia. Nach 16 Tagen erreichte er die Walfangstation. Von dort aus organisierte Shackleton die Rettung seiner verbliebenen Mannschaftsmitglieder.

Das Leben der Schimpansenforscherin Jane Goodall

Jane Goodall ist eine bekannte britische Naturforscherin. In den 1960er Jahren machte sie eine wichtige Entdeckung. Sie beobachtete, dass Schimpansen Werkzeuge verwenden, um Ameisen aus einem Hügel zu holen. Jane Goodall lebte zusammen mit Schimpansen im Nationalpark von Tansania (Afrika) und spürte das ausgeprägte Sozialverhalten unter den Affen. Aufgrund ihrer Erfahrungen mit den mitfühlenden Tieren konnte sie es nicht mehr ertragen, dass Schimpansen für Versuche in engen Laborkäfigen gehalten wurden. In einem Interview berichtete Goodall folgendes: Als sie in einem Labor Affen eingesperrt sah, musste sie vor Verzweiflung weinen. Ein Schimpanse sah ihr tief in die Augen, griff durch den Käfig und wischte ihr die Träne vom Gesicht. Das war eines von unendlich vielen Begegnungen, die das Sozialverhalten und die Intelligenz von Primaten unter Beweis stellte. Mit ihrem Engagement erreichte Goodall, dass zahlreiche Laborversuche beendet wurden. Noch heute setzt sich die Schimpansenforscherin für das Wohl und einen respektvollen Umgang mit Tieren ein.

Gorillas im Nebel

Dian Fossey war eine leidenschaftliche Forscherin, die sich den Berggorillas in Afrika widmete. Sie lebte ab 1967 im Gebirge Ruandas und beobachtete die gefährdete Tierart aus nächster Nähe. Dian Fossey kämpfte gegen Wilderer und setzte sich für den Schutz von Gorillas ein. Durch ihr Engagement hat sie viel über das Verhalten und den Lebensraum der Gorillas herausgefunden. Ihre Arbeit trug dazu bei, diese wunderbaren Tiere zu schützen und den Lebensraum zu erhalten. Sie schrieb das Buch „Gorillas im Nebel", das Menschen auf der ganzen Welt erreichte.

Der furchtlose Steve Irwin

Steve Irwin war ein australischer Naturforscher in den 1990er Jahren. Seine Leidenschaft für wilde Tiere führte zu vielen außergewöhnlichen Abenteuern. Bereits als Kind schwamm er mit Krokodilen. Irwin hatte von klein auf eine besondere Verbindung zu den gefährlichen Reptilien. Seine Art, mit ihnen umzugehen, beeindruckte Menschen weltweit. Steve Irwin gelang es, den Menschen die Schönheit und Bedeutung der Tierwelt nahezubringen. Eine Fernsehserie, die Steve Irwins Arbeit und Abenteuer zeigte, hieß „The Crocodile Hunter". Die Serie war sehr beliebt und verhalf ihm zu internationaler Bekanntheit.

Versehentlich um die Welt gesegelt

Ferdinand Magellan, ein portugiesischer Entdecker, führte eine Expedition an, die die Menschheit in Erstaunen versetzte. Unter dem Befehl des spanischen Königshauses segelte er im Jahr 1519 mit fünf Schiffen in den unbekannten Gewässern des Atlantiks. Sein Ziel war es, einen Seeweg nach Indien zu finden. Doch sein Mut führte zu etwas viel Größerem - der ersten Weltumsegelung. Seine Mannschaft kämpfte gegen Stürme, Piraten und den Hunger, doch Magellans Entschlossenheit trieb sie voran. Nach drei Jahren erreichten sie wieder Spanien.

Christoph Kolumbus und die Entdeckung Amerikas

Im Jahr 1492 brach Christoph Kolumbus mit drei Schiffen, der Santa Maria, der Pinta und der Niña, zu einer Reise auf. Nach Wochen auf hoher See erreichte er schließlich eine unbekannte Küste. Er ging fest davon aus, dass er Indien erreicht hatte. Aber damit lag er falsch, denn Kolumbus entdeckte ein völlig neues Land - Amerika! Kolumbus bezeichnete die einheimische Bevölkerung als Indianer. Dieser Begriff wurde dann über lange Zeit hinweg verwendet, um die Ureinwohner Amerikas zu beschreiben, obwohl sie nichts mit Indien zu tun hatten.

Auf den Spuren der Sterne

Galileo Galilei, ein genialer italienischer Wissenschaftler des 17. Jahrhunderts, hat die Welt mit seinen Entdeckungen verändert. Mit seinem selbstgebauten Teleskop wagte er einen Blick in den Nachthimmel. Galilei enthüllte Geheimnisse, die die Menschen zuvor nicht für möglich gehalten hätten. Der Wissenschaftler entdeckte die Monde des Jupiter, die sich um den Planeten herumbewegen. Zudem erkannte er, dass die Erde nicht das Zentrum des Universums ist, sondern sich um die Sonne dreht. Seine Erkenntnisse brachten ihm eine Menge Ärger ein. Galileis Wissenschaft vermittelte ein anderes, neues Weltbild. Das störte viele Menschen und sie beschuldigten ihn der Lüge. Doch seine Leidenschaft trieb ihn weiter voran, sodass seine Forschungen in die Geschichte eingingen. Heute gilt Galileo Galilei als Vater der modernen Astronomie.

Der Mann mit den Geschichten

Marco Polo war ein bekannter Entdecker aus dem 13. Jahrhundert. Auf seinen Reisen erreichte er den fernen Osten und traf den mächtigen Kublai Khan, den Kaiser von China. Seine Neugier und das Interesse an anderen Ländern und den Menschen trieben ihn an. Bei seiner Rückkehr nach Italien erzählte er voller Stolz von seinen außergewöhnlichen Erlebnissen. Allerdings waren seine Geschichten für die Leute so unglaubwürdig, dass er nicht immer ernst genommen wurde. Polo erhielt von vielen Menschen den Titel „Der Mann mit den Geschichten". Dennoch schaffte er es, dass Interesse einiger Leute zu wecken und die Erkundung der Welt voranzutreiben.

Zwei Frauen und das ewige Eis

Im Kampf gegen enorme Kälte und eisigen Winden haben sich Ann Bancroft und Liv Arnesen im Jahr 2001 ihren Traum erfüllt: Die vollständige Durchquerung der Antarktis auf Skiern und Schlitten. Dabei legten sie eine Strecke von mehr als 1.700 Kilometern zurück. Bancroft und Arnesen durchquerten die Antarktis von der Ostküste bis zur Westküste. Die Expedition begann im November 2000 und endete im Februar 2001. Sie mussten extreme Temperaturen aushalten und sich gegenseitig immer wieder neu motivieren. Das war ein historischer Moment, denn das war noch nie zuvor einem Team aus Frauen gelungen.

Die Magie des Meeres

Die Meeresforscherin Dr. Sylvia Earle tauchte im Jahr 1979 mit einem Mini-U-Boot in die Dunkelheit des Meeres ab. Der Tauchgang erreichte eine Tiefe von 381 Metern. Dort entdeckte sie eine bis dato unbekannte Meereswelt mit leuchtenden Tieren und seltsamen Pflanzen. Das war der Startschuss für viele weitere Expeditionen. Wusstest du, dass wir bisher nur einen winzigen Teil des Meeres erforscht haben? Obwohl die Ozeane den größten Teil unserer Erde bedecken, haben wir erst weniger als 10 Prozent davon erkundet. Das liegt daran, weil die Tiefen des Meeres sehr schwer zu erreichen sind. Kein Gerät oder U-Boot der Welt hält den extremen Wasserdruck weit unten im Ozean stand. So bleibt die Welt der Meere ein großes Geheimnis für uns. Leben dort vielleicht riesengroße unbekannte Tiere? Gibt es in den Tiefen Pflanzen mit atemberaubenden Fähigkeiten? Vielleicht werden wir das nie erfahren.

VERBLÜFFENDE ORTE RUND UM DIE WELT

Schwimmende Schweine im Inselparadies

Auf den Bahamas gibt es eine Insel namens Big Major Cay, auf der wilde Schweine frei herumlaufen. Die Schweinchen lieben es, im kristallklaren Wasser zu planschen. Sie schwimmen sogar zu den Booten der Besucher. Es existieren verschiedene Theorien darüber, wie die Schweine auf die Insel gelangt sind. Eine Möglichkeit ist, dass sie von Seefahrern dort zurückgelassen wurden. Eine andere Geschichte besagt, dass sie bei einem Schiffbruch angespült wurden. Die Tiere haben sich super an die Umgebung angepasst und sind zu einer beliebten Attraktion geworden.

Die Pyramiden von Ägypten

Niemand weiß genau, wie die alten Ägypter die riesigen Pyramiden ohne moderne Technik bauen konnten. Die Pyramiden sind perfekt ausgerichtet und ihre Steine passen so genau zusammen, dass nicht einmal ein Blatt Papier dazwischen passt. Wissenschaftler haben verschiedene Theorien aufgestellt, aber das Rätsel bleibt bis heute ungelöst. Einige glauben, dass die Ägypter Rampen und Hebesysteme verwendeten, um die schweren Steine zu bewegen. Andere vermuten den Einsatz von Techniken, die bis heute unbekannt sind. Wie haben sie es nur geschafft, diese Meisterwerke zu bauen?

Eine Reise in die Vergangenheit

Vor langer Zeit haben Menschen in England ein einzigartiges Bauwerk geschaffen: Stonehenge. Stonehenge besteht aus einer Ansammlung von circa 100 gewaltigen Steinen. Einige Steine wiegen bis zu 25 Tonnen und ragen fünf Meter in die Höhe. Vor Tausenden von Jahren wurden die Steine ohne moderne Technologie transportiert und aufgestellt. Die genaue Methode, wie Menschen das gemeistert haben, ist für Forscher immer noch ein Rätsel. Wie spannend es doch wäre, wenn Steine reden könnten und uns das Geheimnis um Stonehenge zuflüstern könnten.

Die verwunschene Kanincheninsel

Okunoshima, auch bekannt als Kanincheninsel, ist eine kleine Insel in Japan. Während des Zweiten Weltkriegs wurden dort Waffen hergestellt. Nachdem die Anlage geschlossen wurde, ließ man die Laborkaninchen frei. Daraufhin haben die wuschigen Tiere die Insel bevölkert und sich stark vermehrt. Heute ist Okunoshima ein begehrtes Reiseziel, das für seine niedlichen Kaninchen bekannt ist. Besucher lieben die zauberhafte Landschaft mit den kleinen tierischen Bewohnern.

Brodelnde Tiefseevulkane in Aktion

Wusstest du, dass es in den Meeren Vulkane gibt? Sie werden als Tiefseevulkane oder Unterwasservulkane bezeichnet. Diese Naturphänomene befinden sich auf dem Meeresboden und spucken heißes Magma aus, ähnlich wie Vulkane auf dem Land. Der bekannteste Unterwasservulkan ist der Axial Seamount. Dieser liegt im Pazifischen Ozean vor der Küste des US-Bundesstaates Oregon und bricht regelmäßig aus. Tiefseevulkane bilden unter Wasser Erhebungen auf dem Meeresboden. Durch die Lava-Ansammlung können diese Hügel wachsen und schließlich die Oberfläche des Ozeans erreichen. Wenn sie die Wasseroberfläche erreichen, können Inseln entstehen. Die Hawaii-Inselkette hat sich auf diese Weise entwickelt. Die Erforschung der Vulkane hat Wissenschaftlern geholfen, mehr über die Geheimnisse der Meere zu erfahren.

Die fliegenden Fische von Barbados

Auf der karibischen Insel Barbados gleiten Fische durch die Lüfte. Diese besonderen Kreaturen können tatsächlich aus dem Wasser springen und kurze Strecken fliegen. Doch wie schaffen sie das? Die Antwort liegt in ihren speziell entwickelten Flossen, die wie kleine Flügel aussehen. Wenn sie von Raubtieren bedroht werden oder Nahrung suchen, nutzen sie ihren Schwung und segeln elegant über die Wellen. Dieses Verhalten hat die Menschen auf Barbados dazu inspiriert, fliegende Fische zu einem Symbol ihrer Kultur zu machen. Jedes Jahr feiern die Bewohner ein buntes Festival, um die bemerkenswerten Meeresbewohner zu ehren.

Falsch gebaut, großer Erfolg

Kennst du den Schiefen Turm von Pisa? Der in Italien stehende Turm war schon schief, bevor er überhaupt fertiggestellt wurde. Die Bauarbeiten begannen im Jahr 1173. Dann dauerte es fast 200 Jahre, um den Turm komplett aufzubauen. Die Arbeiter bemerkten während des Baus, dass der Turm anfing, sich zur Seite zu neigen. Sie versuchten, das zu korrigieren, aber ohne Erfolg. Heute ist der schräge Turm eine gut besuchte Sehenswürdigkeiten. Gäste aus aller Welt staunen über die extreme Schieflage des Bauwerkes.

Das Rätsel der verschütteten Stadt Pompeji

In Italien liegt die geheimnisvolle Stadt Pompeji. Vor langer Zeit brach der Vulkan Vesuv aus und begrub Pompeji unter einer dicken Schicht aus Lava und Asche. Besonders faszinierend ist, dass Pompeji über viele Jahrhunderte hinweg in Vergessenheit geriet. Als Archäologen die Stadt im 18. Jahrhundert entdeckten und ausgruben, fanden sie erstaunlich gut erhaltene Überreste von Gebäuden, Straßen und sogar Menschen. Pompeji gibt uns einen Einblick in das Leben der Menschen vor über 2.000 Jahren.

Die singenden Steine von Zadar

In Kroatien, genauer gesagt in der Stadt Zadar, steht eine außergewöhnliche Sehenswürdigkeit – die Meeresorgeln. Was sind Meeresorgeln? Hierbei handelt es sich nicht um gewöhnliche Musikinstrumente, sondern um Steintreppen am Meer. Die Treppen erzeugen Klänge, wenn das Meerwasser auf sie trifft. Jeder Wellenschlag verursacht sanfte Töne und Melodien, die wie Musik aus einer anderen Welt klingen. Das zieht Touristen an und lädt sie dazu ein, den Liedern des Meeres zu lauschen.

Die schwebenden Wasserfälle von Venezuela

In Venezuela, ein Land im Norden Südamerikas, liegt der höchste Wasserfall der Welt. Der Angel Falls scheint vom Himmel zu fallen, als ob er in der Luft schwebt. Wie entsteht das Phänomen? Die Gesamthöhe des Wasserfalls beträgt unglaubliche 979 Meter! Das Wasser stürzt von einer steilen Bergkante herab. Der starke Wind zerstäubt das Wasser und lässt es wie einen schimmernden Vorhang aussehen. Der Anblick macht Besucher sprachlos und gibt ihnen das Gefühl, in einer Fantasiewelt zu sein.

Steinerne Köpfe aus dem Nichts

Auf der abgelegenen Osterinsel im Südpazifik gibt es ein besonderes Geheimnis: die Moai. Das sind riesige Köpfe aus Stein, die quer über die Insel verteilt stehen. Einige von ihnen sind bis zu 10 Meter hoch. Wie haben die Menschen vor Hunderten von Jahren diese riesigen Statuen erschaffen und bewegt? Forscher glauben, dass die Ureinwohner sie gebaut haben, aber niemand weiß genau, wie. Das Rätsel bleibt bis heute ungelöst und inspiriert Abenteurer sowie Wissenschaftler auf der ganzen Welt.

Das Schlammfestival von Südkorea

In Südkorea findet regelmäßig ein Festival namens Boryeong Mud Festival statt, bei dem Menschen aus aller Welt zusammenkommen, um sich im Schlamm zu suhlen. Die Teilnehmer bewerfen sich gegenseitig mit Matsch und rutschen auf riesigen Schlammrutschen herunter. Der Schlamm enthält zudem wertvolle Mineralien, die der Haut guttun. Es ist ein tolles Spektakel, bei dem alle miteinander feiern und lachen. Manchmal sind die verrücktesten Ideen eben die schönsten.

Leben in der Unterwelt

Versteckt in der Türkei befindet sich die Stadt Derinkuyu. Was sie so besonders macht, ist, dass sie komplett unter der Erde liegt. Vor vielen Jahren haben Menschen diese Stadt gebaut, um sich vor Eindringlingen zu schützen. Sie besteht aus Tunneln, Räumen und sogar Kirchen, die bis zu acht Stockwerke tief in den Boden reichen. Derinkuyu zählt zu den am besten erhaltenen unterirdischen Städten. Die Höhlen und Tunnel können von Touristen besucht werden. Reiseführer zeigen voller Stolz die Bauwerke und erzählen spannende Geschichten über diese antike Stadt.

Die Unterwasserwelt der Yonaguni-Pyramide

In den Tiefen des Pazifischen Ozeans verbirgt sich ein außergewöhnliches Bauwerk: die Yonaguni-Pyramide. Sie liegt vor der Küste Japans und sieht aus wie eine versunkene Stadt. Die Pyramide hat viele Stufen, Terrassen und Säulen, die von einer alten Zivilisation stammen könnten. Taucher finden dort regelmäßig alte Gegenstände, die einiges über die Vergangenheit erahnen lassen. Forscher auf der ganzen Welt diskutieren darüber, woher die Yonaguni-Pyramide kommt und was sie bedeutet.

Wo Farben durch die Lüfte fliegen

Hast du schon vom farbenfrohen Holi-Fest gehört? Hier dreht sich alles um Spaß und bunte Farben. Die Menschen bewerfen sich gegenseitig mit buntem Pulver und Wasserballons. Damit feiern sie den Frühling und die Freundschaft. Egal ob jung oder alt, jeder ist dabei und lacht, tanzt und singt. Das Holi-Fest hat seinen Ursprung in Indien. Daraus folgten Holi-Veranstaltungen auf der ganzen Welt. Auch in Deutschland kann man das Farbspektakel genießen.

Wenn Tomaten die Straßen beherrschen

Die kleine Stadt Buñol in Spanien verwandelt sich einmal im Jahr in ein Schlachtfeld. Tausende Menschen nehmen an dem spektakulären Ereignis La Tomatina teil. An einem Tag im August werden Tonnen von reifen Tomaten in die Straßen geworfen. Dann geht der Spaß los: Alle Teilnehmer bewerfen sich gegenseitig mit den saftigen Früchten. Was als Streit zwischen Jugendlichen begann, ist zu einem der beliebtesten Feste der Welt geworden. Die Einheimischen und Touristen strömen aus allen Ecken der Welt herbei, um an diesem fröhlichen Fest teilzunehmen. Am nächsten Tag heißt es dann für alle: Raus aus den Federn und die Straßen reinigen!

Das versteckte Dorf in den Bäumen

Hoch oben in den dichten Regenwäldern von Costa Rica verbirgt sich ein Baumhausparadies. In dem Dorf Monteverde befinden sich die Häuser nicht auf dem Boden, sondern in den Baumkronen. Kinder ab 10 Jahren dürfen über wacklige Hängebrücken und geheime Pfade wandern. So kann man super die Tier- und Pflanzenwelt des Dschungels entdecken. Affen schwingen von Ast zu Ast, bunte Vögel fliegen vorbei und sogar Faultiere lassen sich in den Ästen nieder. Abenteuerlustige fühlen sich dort pudelwohl und lernen die Natur in ihrer vollen Pracht kennen.

Das Geheimnis der verlorenen Stadt Petra

Versteckt im Herzen der Wüste Jordaniens liegt eine vergessene Stadt voller Geheimnisse: Petra. Diese antike Stadt wurde vor mehr als 2.000 Jahren in den Fels geschlagen und war einst ein wichtiger Handelsort. Was Petra so besonders macht, ist der Zugang zu ihr. Besucher betreten die Stadt durch eine enge Schlucht namens Siq, die von gigantischen Felswänden umgeben ist. Am Ende angekommen, kann man eine fantastische Aussicht auf die berühmteste Sehenswürdigkeit von Petra genießen - das prächtige Schatzhaus.

Die mysteriöse Wüste von Peru

Tief in der Wüste von Peru gibt es ein Phänomen, das seit Jahrhunderten Rätsel aufgibt - die Nazca-Linien. Diese riesigen Linien wurden vor über 2.000 Jahren in den Wüstenboden geritzt. Die Konturen bilden Figuren von Tieren, Menschen und geometrischen Formen. Das Kuriose daran: Die Linien sind so groß, dass man sie nur aus der Luft sehen kann! Wie haben die Menschen damals diese übergroßen Kunstwerke erschaffen, ohne Flugzeuge oder Drohnen zu nutzen? Bis heute bleibt dieses Rätsel ungelöst. Das Nazca-Linien ziehen immer wieder Forscher aus aller Welt an, die versuchen, das Wunder der Nazca-Linien zu enthüllen.

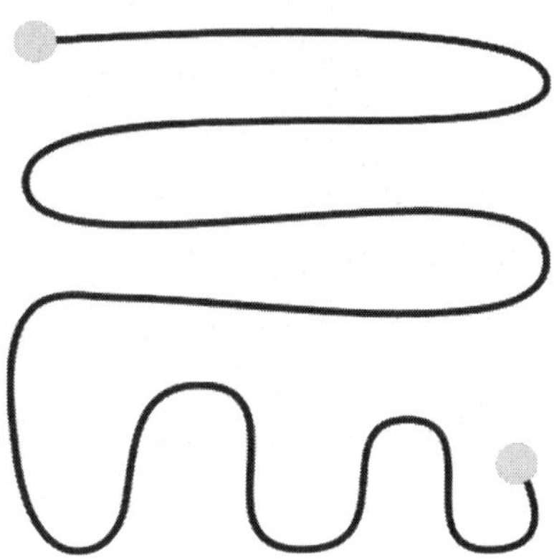

GEHEIMNISSE DES UNIVERSUMS

Die außerirdische Zahnbürste

Auch im Weltraum müssen Astronauten ihre Zähne putzen. Aber wie macht man das ohne Wasser? Ganz einfach: mit einer speziellen Zahnpasta, die man nicht ausspucken muss. Doch das ist noch nicht alles. Die Astronauten verwenden eine besondere Zahnbürste, die wie eine Mini-Saugdüse aussieht. Sie saugt den Schaum zügig weg, damit er nicht herumfliegt. So bleibt alles sauber und die Astronauten können mit strahlend weißen Zähnen durch die Weiten des Alls schweben.

Der schnellste Mensch im Universum

Der Astronaut Eugene Cernan hält den Rekord als der schnellste Mensch im Universum. Während der Apollo 10-Mission im Jahr 1969 erreichte er mit seinem Raumschiff eine Geschwindigkeit von 39.896 Kilometern pro Stunde. Das ist schneller als jeder Rennwagen auf der Erde je fahren könnte. Während der Apollo 10-Mission umkreiste die Raumkapsel den Mond und führte verschiedene Tests in der Nähe des Mondes durch. Diese Leistung macht ihn zu einem wichtigen Pionier in der Geschichte der Raumfahrt.

Die Aliens kommen

Das Hörspiel „Krieg der Welten“ von Orson Welles, das am 30. Oktober 1938 im Radio ausgestrahlt wurde, sorgte für große Aufregung. Durch die realistische Darstellung glaubten viele Zuhörer, dass ein Angriff von Außerirdischen stattfand. Es gab Berichte von Menschen, die in Panik gerieten, ihre Häuser verließen und Schutz suchten. Diese Situation ist ein Beispiel dafür, wie Medien Angst und Verwirrung auslösen können.

Es stürmt und stürmt und stürmt

Auf dem Jupiter, dem größten Planeten in unserem Sonnensystem, wütet ein gewaltiger Sturm. Er ist zweimal so breit wie die Erde und tobt seit mindestens 350 Jahren. Damit zählt das Phänomen zum größten und langlebigsten Wirbelsturm im Sonnensystem. Der Sturm trägt den Namen „Der Große Rote Fleck" und erreicht Windgeschwindigkeiten von bis zu 600 Kilometern pro Stunde. Der Große Rote Fleck auf dem Jupiter ist ein beeindruckendes Beispiel für extreme Wetterverhältnisse im Weltraum.

Wie Astronauten träumen

Wenn Raumfahrer in der Schwerelosigkeit schweben, schlafen sie anders als auf der Erde. Sie verwenden spezielle Schlafanzüge und Schlafstationen, um sich während des Schlafs zu sichern. Die Stationen sind wie kleine Kabinen oder Schlafsäcke geformt, in die sich Astronauten hineinlegen können. Diese Schlafsäcke haben Gurte oder Klettverschlüsse, damit die Schlafenden nicht herumschweben. Das Gefühl der Schwerelosigkeit bleibt dennoch und beeinflusst das Träumen. Manche Astronauten berichten, dass sie im Traum frei durch das Universum schweben oder auf fernen Planeten wandeln. Das Schlafen im Weltraum kann aufgrund der Abwesenheit von Tag und Nacht und der Nähe zur Sonne etwas komplizierter sein. Deshalb gibt es Zeitpläne und Beleuchtungssysteme, um den Astronauten zu helfen, ihren Schlaf-Wach-Rhythmus beizubehalten.

Helden des Universums

Astronauten sind Superhelden des Weltalls. Wenn sie im Weltraum sind, erleben sie merkwürdige Dinge mit ihren Körpern. Sie können im All mühelos viel schwerere Dinge heben als auf der Erde. Dennoch werden ihre Muskeln wegen der fehlenden Schwerkraft schwächer. Auch die Knochen der Astronauten bilden sich zurück. Damit der Körper nicht so stark abbaut, treiben sie während langwieriger Weltraummissionen Sport. Sobald die Experten wieder auf der Erde eintreffen, müssen sie sich Schritt für Schritt an die Schwerkraft gewöhnen.

Wie Astronauten auf die Toilette gehen

Astronauten nutzen ausgeklügelte Toiletten. Diese saugen Urin und Stuhl ein und recyceln sogar den Urin zu Wasser. Das Wasser dient dann als Trinkwasser. Für das große Geschäft gibt es eine separate Vorrichtung. Astronauten verwenden spezielle Hosen mit einem integrierten Sitzsack, der den Kot auffängt. Nach Gebrauch wird der Sitzsack verschlossen und in einen Behälter geleert. Auf der Internationalen Raumstation (ISS) wird Kot recycelt und anschließend als Dünger für Pflanzen verwendet, die in der Raumstation angebaut werden.

Die hungrigen Schwarzen Löcher

Schwarze Löcher sind Gebilde im Weltraum, die so stark sind, dass sie sogar Licht verschlucken können. Ihre Kraft ist so intensiv, dass nichts ihrer Anziehungskraft entkommen kann. Sogar Zeit und Raum werden in ihrer Nähe verzerrt. Forscher haben herausgefunden, dass Schwarze Löcher nicht nur Dinge verschlucken, sondern auch starke Strahlen ins Weltall schießen. Diese Strahlen schleudern viel Energie umher und beeinflussen, wie Galaxien wachsen.

Hula-Hoop im Weltall

Saturn, der berühmte Ringplanet, hat eine besondere Eigenschaft: Seine Ringe sind wie gigantische Hula-Hoop-Reifen. Aber statt aus Plastik bestehen sie aus Milliarden von kleinen Eis- und Gesteinsbrocken. Diese Ringe schweben um den Planeten herum und sehen spektakulär aus. So interessant und einladend der Saturn wirken mag, so gefährlich wäre auch der Aufenthalt dort. Stürmische Winde, eine dicke Wolkendecke und eisige Temperaturen von etwa Minus 180 Grad Celsius sind nicht besonders gemütlich für Menschen.

Blau, einzigartig und gefährlich

Im Universum existiert ein Planet namens HD 189733b, der wunderschön aussieht. Seine Atmosphäre hat eine intensive, leuchtend blaue Farbe, ähnlich einem riesigen blauen Edelstein. Aber was noch interessanter ist: Auf diesem Planeten regnet es Glas! Starke Winde schleudern geschmolzenes Glas durch die Luft. Seine Oberfläche stößt zudem enorme Hitze aus (um die 1.000 Grad Celsius). Somit ist der Planet alles andere als gastfreundlich.

Die schnellste Raumsonde

Die Raumsonde „Parker Solar Probe" hält einen interessanten Rekord. Sie ist die schnellste Maschine im gesamten Universum! Mit einer Geschwindigkeit von 430.000 Kilometern pro Stunde rast sie durch den Weltraum. Um diese extreme Geschwindigkeit zu erreichen, nutzt die Sonde die Schwerkraft der Venus als Schleuder. Das erlaubt ihr, immer schneller zu werden und der Sonne so nah wie möglich zu kommen. Die Parker Solar Probe kommt super klar mit extremen Temperaturen und sammelt wichtige Informationen über unsere Sonne.

Der mystische Mond

Der Mond gehört zu den interessantesten Himmelskörpern. Er befindet sich weit entfernt von der Erde, dennoch beeinflusst er die Ozeane auf unserem Planeten enorm. Durch seine Schwerkraft erzeugt der Mond die Gezeiten, die das Meer steigen und fallen lassen. Doch das ist noch nicht alles. Wusstest du, dass der Mond auch eine dünne Atmosphäre hat? Obwohl sie sehr schwach ist, hinterlässt sie Spuren auf der Mondoberfläche. Manche Astronauten berichteten von seltsamen Mondnebeln, die wie geisterhafte Wolken erschienen und plötzlich wieder verschwanden. Der Mond birgt noch viele Geheimnisse, die darauf warten, gelüftet zu werden.

Die stumme Sonne

Inmitten der endlosen Weiten des Universums gibt es ein Phänomen, das die Wissenschaftler bis heute vor ein Rätsel stellt: Die Sonne, unser lebensspendender Stern, ist stumm. Obwohl die Sonne enorme Mengen an Energie produziert, erzeugt sie keinen Schall im Vakuum des Weltraums. Es existiert kein Geräusch, das wir hören könnten. Die Sonne verbreitet ihre Energie still und leise, während wir uns auf der Erde über ihre Wärme und ihr Licht freuen.

Zurück in die Zukunft

Im Weltraum verläuft die Zeit anders. Astronauten tragen spezielle Uhren auf ihren Raummissionen. Diese Uhren sind so genau, dass sie die Zeitveränderung im All berücksichtigen können. Wenn Astronauten mit hoher Geschwindigkeit im Weltraum reisen, vergeht für sie weniger Zeit als für Menschen auf der Erde. Das bedeutet, dass sie in die Zukunft reisen, wenn sie zurückkommen! Um dies zu überprüfen, vergleichen sie ihre Uhren mit den Uhren auf der Erde. Raumfahrer können demnach in der Zeit reisen, wenn auch nur ein kleines bisschen.

Berühmte Menschen, die Geschichte schrieben

In den Weiten des Weltraums haben mutige Astronauten einige Rekorde aufgestellt. Scott Kelly hält mit insgesamt 437 Tagen den Rekord für die längste Zeit im All. Yury Gagarin ging als der erste sowie jüngste Mensch im All in die Geschichtsbücher ein. Er umrundete im Alter von nur 25 Jahren die Erde. Ein weiterer berühmter Astronaut ist Neil Armstrong, der als erster Mensch den Mond betrat. Valentina Tereshkova machte Geschichte, als sie 1963 zur ersten Frau im Weltraum wurde. Ihre mutige Reise inspirierte Frauen auf der ganzen Welt, ihre Träume zu verfolgen.

Der längste Weltraumspaziergang

Der erfahrene Astronaut Luca Parmitano hat kürzlich einen atemberaubenden Rekord geschafft. Bei einer Mission verbrachte Parmitano mehr als acht Stunden außerhalb der Raumkapsel. Damit absolvierte er den längsten Weltraumspaziergang aller Zeiten! In dieser Zeit führte er verschiedene Experimente durch. Mit einer großen Portion Mut wagte er sich stundenlang in die unendliche Weite des Universums.

Unser blauer Winzling

Die Erde, unsere Heimat, mag riesig erscheinen, aber im Universum ist sie nahezu unsichtbar. Innerhalb der Milchstraße, unserer Galaxie, liegt das Sonnensystem mit der Erde in einem abgelegenen Bereich. Von dieser Position aus sieht die Erde aus wie ein winziger blauer Punkt. Wenn wir bedenken, dass es Milliarden von Galaxien im Universum gibt, wird deutlich, wie klitzeklein unser Planet erscheint. Stell dir die Erde wie ein Staubkorn in einer riesengroßen Sandkiste voller Sterne und Planeten vor.

Die unheimliche Stille

Stell dir vor, du bist im Weltraum und öffnest die Luken deines Raumschiffs. Was du hören würdest? Nichts! Im Vakuum des Weltraums gibt es keine Luft. Das bedeutet, dass es im Weltraum absolut still ist. Kein Laut, kein Geräusch, nur eine beunruhigende Stille. Selbst wenn Astronauten im Raumfahrzeug miteinander sprechen, können sie ihre eigenen Worte nicht hören. Die Kommunikation zwischen Astronauten erfolgt über Funkgeräte, die in ihren Helmen eingebaut sind. Die Stille des Weltraums erinnert uns daran, wie einzigartig unser belebter Planet Erde ist.

So riecht das Universum

Wusstest du, dass Astronauten im Weltraum die seltsamsten Gerüche wahrnehmen können? Im Vakuum des Alls befindet sich keine Luft, aber der Weltraum hat trotzdem einen ganz eigenen Duft. Wenn Astronauten nach einem Weltraumspaziergang in ihre Raumschiffe zurückkehren, berichten sie von einem merkwürdigen Geruch nach verbranntem Metall und geröstetem Brot. Im Weltraum sammeln sich Staub und Mikrometeoriten in der Umgebung des Raumschiffs an. Bei Rückkehr durch die Luftschleuse setzt das ein unverwechselbares Aroma frei.

VERRÜCKTE SPORTARTEN, ERSTAUNLICHE ERFOLGE

Mit dem Skateboard über die Chinesische Mauer

Der kalifornische Extrem-Skateboarder Danny Way sprang als erster Mensch über die Chinesische Mauer. Am 9. April 2005 führte der Sportler den längsten Skateboard-Trick der Welt durch. Er sprang mithilfe einer Rampe, die über die Chinesische Mauer gebaut wurde, eine Strecke von 12,47 Metern. Das entspricht der Länge von über 25 Skateboards hintereinander. Danny Way bewies mit dieser Leistung, dass vieles im Leben möglich ist, was zuvor noch niemand erreicht hat.

Das Quidditch der Muggel

Wusstest du, dass eine Sportart aus der Fantasiewelt von Harry Potter auch im wirklichen Leben existiert? Das Spiel heißt Quidditch und wird von Muggeln (Menschen ohne magische Fähigkeiten) auf der ganzen Welt gespielt. Statt auf Besen zu fliegen, flitzen die Spieler umher, halten Besen zwischen ihren Beinen und werfen sich einen Quaffel zu. Aber das ist nicht alles: Zur Abwehr fliegen Bludger durch die Luft und werfen die Teilnehmer ab. Natürlich darf der goldene Schnatz nicht fehlen. Ein Spieler muss den Schnatz fangen, um das Spiel zu beenden. Selbst wenn man an dem Spektakel nur als Zuschauer teilnimmt, spürt man die Magie der Harry-Potter-Welt.

Der fabelhafte Freestyle-Künstler

Hast du schon von Freestyle-Fußball gehört? Der Rekordhalter für die meisten Fußballtricks in einer Minute ist ein junger Athlet namens Wassim Benslimane. Der Franzose schaffte unglaubliche 245 Tricks in nur 60 Sekunden. Der Sportler jonglierte den Ball mit seinem Kopf, den Füßen, den Knien und sogar den Schultern. Wassim begeisterte die Zuschauer mit seinen Tricks und freute sich sehr über seine gelungene Performance. In Deutschland ist Jannik Freestyle ein bekannter Fußball-Künstler.

Wenn der Ball wie eine Rakete durchstartet

Der schnellste Tischtennisschlag der Welt wurde in Deutschland ausgeführt. Der talentierte Spieler Dimitrij Ovtcharov erreichte 160 Stundenkilometer mit seinem Schmetterball. Dank seines ausgeprägten Talents und intensiven Trainings schaffte es Dimitrij, diesen Rekord aufzustellen. Sein Schlag war so schnell, dass der Ball für den Gegner und die Zuschauer fast unsichtbar war. Mithilfe von Sensoren und moderner Kameratechnik konnte man genau ermitteln, wie flott das Bällchen umherflog.

Das verrückte Bürostuhlrennen

Manche Menschen erfinden die abgefahrensten Sportarten. Nur mit jeder Menge Flausen im Kopf kommt man auf die Idee, auf Bürostühlen um die Wette zu rasen. Das Rennen findet auf eigens dafür angelegte Gelände statt, die mit Hindernissen und Kurven gespickt sind. Die Teilnehmer nehmen Platz und stoßen sich mit den Füßen vom Boden ab, um Geschwindigkeit aufzunehmen. So stellen die Fahrer ihre Geschicklichkeit unter Beweis und sorgen für jede Menge Spaß. Einige Tüftler haben ihre Rennstühle sogar so stark umgebaut, dass sie enorme Geschwindigkeiten erreichen.

Wenn Gummistiefel durch die Luft fliegen

In Neuseeland, einem wunderschönen Land am anderen Ende der Welt, treffen sich jedes Jahr wagemutige Teilnehmer zum „Great Gumboot Toss". Dort werfen Menschen ihre Gummistiefel so weit wie möglich. Der Rekord liegt bei 63,37 Metern – das ist so weit wie zwei Fußballfelder hintereinander! Diese kuriose Sportart ist nicht nur witzig anzusehen, sondern passt auch super zu den kräftigen Winden Neuseelands. Natürlich gibt es in Deutschland auch Wettbewerbe, bei denen Teilnehmer ihre klobigen Schuhe zum Fliegen bringen.

Der Feuerlauf von Fiji

Auf den Fiji-Inseln laufen Teilnehmer barfuß über glühende Kohlen. Die traditionelle Sportart namens Vakamalolo erfordert Konzentration, Mut und eine besondere Technik. Die Kohlen können eine Temperatur von bis zu 538 Grad Celsius erreichen! Die furchtlosen Athleten trainieren lange, um ihre Füße gegen die Hitze abzuhärten. Außerdem arbeiten die Teilnehmer an ihren Gedanken, denn diese spielen eine große Rolle bei der Bewältigung der Aufgabe. Ungeübt sollte man auf keinen Fall den Fuß auf heiße Kohlen setzen.

Die Höhenjagd der Kletterkünstler

In der Welt des Kletterns hat sich eine besondere Disziplin etabliert: Speedklettern. Hierbei müssen die Athleten eine spezielle Kletterroute in kürzester Zeit bezwingen. In den USA stellte der Sportler Adam Ondra einen erstaunlichen Rekord auf. Der Speedkletterer schaffte es, eine 15 Meter hohe Wand in 5,48 Sekunden zu erklimmen! Ondra kletterte so rasant die Wand hinauf, dass es unrealistisch erschien – ganz so wie in einem animierten Action-Film.

Die unendliche Tanzwut

Im Jahr 1518 ereignete sich in der Stadt Straßburg ein mysteriöses Ereignis, das als Tanzwut bekannt wurde. Eine Frau begann plötzlich auf der Straße wild zu tanzen und konnte nicht aufhören. Innerhalb weniger Tage schlossen sich mehr als 30 Menschen an und tanzten mit. Die Situation wurde so ernst, dass die Tänzer vor Erschöpfung zusammenbrachen. Einige starben sogar. Waren die Menschen erkrankt oder haben sie giftige Pilze zu sich genommen? Was bewegte die Menschen dazu, unentwegt zu tanzen? Das kann man bis heute nicht eindeutig nachvollziehen.

Das schnellste Tor der WM-Geschichte

Hakan Şükür schoss das schnellste Tor in der Geschichte der Fußball-Weltmeisterschaften. Im Jahr 2002 fand das Spiel zwischen Türkei und Südkorea statt. Bereits 11 Sekunden nach Anstoß gelang es Hakan Şükür, für die Türkei ein Tor zu schießen. So einen Blitztreffer gab es noch nie! Der Stürmer und sein Team konnten es selbst kaum glauben und feierten den einzigartigen Moment.

Pelé, der legendäre Torjäger

Edson Arantes do Nascimento, besser bekannt als Pelé, ist eine Fußballlegende und einer der erfolgreichsten Torschützen aller Zeiten. Während seiner Karriere erzielte er 1.283 Tore in offiziellen Spielen. Dieser Rekord umfasst Tore, die er sowohl für die Vereine Santos FC, Cosmos New York als auch für die brasilianische Nationalmannschaft erzielt hat. Pelé gewann dreimal die FIFA-Weltmeisterschaft mit Brasilien (1958, 1962, 1970) und wurde als bester Spieler des Jahrhunderts ausgezeichnet.

Die Turmläufer von Malaysia

Wusstest du, dass es einen weltberühmten Turmlauf-Wettbewerb in Malaysia gibt? In Kuala Lumpur treffen sich Sportler aus aller Welt, um den Menara-Tower zu erklimmen. Die Teilnehmer rennen nicht einfach nur die Treppen hoch: Sie laufen die 2.058 Stufen des Turms rückwärts hinauf! Das erfordert nicht nur Ausdauer, sondern auch Geschicklichkeit. Der schnellste Turmläufer hat diesen Lauf in 11 Minuten und 11 Sekunden bewältigt.

Der amerikanische Rekordjäger

Ashrita Furman aus den USA ist ein Sportler, der über 600 Weltrekorde in skurrilen Disziplinen aufgestellt hat. Zu seinen Rekorden zählen unter anderem das Hüpfen auf einem Fußball über 10 Kilometer und das Jonglieren mit Laubbläsern. Außerdem hält er den Rekord beim Balancieren einer Schaufel auf der Nase für über eine Stunde. Furman liebt es, verrückte Dinge zu erleben und Rekorde zu knacken. Seine Leistungen haben ihm einen Platz im Guinness-Buch der Rekorde eingebracht.

Viel Schlamm, viel Spaß

Beim „Muddy Buddy Run" handelt es sich um einen spannenden Marathonlauf in den USA, der in verschiedenen Städten stattfindet. Bei diesem Rennen treten Zweierteams an und absolvieren zusammen einen schlammigen Parcours. Die Teilnehmer müssen sich durch matschige Gräben wühlen, über Hürden klettern und sogar gemeinsam Fahrräder teilen. Ein Wettkampf, der Teamarbeit erfordert und viel Spaß macht. Der Muddy Buddy Run lockt jedes Jahr Abenteuerlustige an, die bereit sind, sich in den Schlamm zu stürzen.

Wenn Volleyball auf Fußball trifft

Ein beliebtes und ungewöhnliches Spiel in Südostasien ist Sepak Takraw. Dabei spielen zwei Teams einen kleinen Ball über ein Netz, ähnlich wie beim Volleyball. Aber hier kommt der kuriose Fakt: Die Spieler dürfen den Ball nicht mit den Händen berühren! Stattdessen müssen sie spektakuläre Kicks und akrobatische Flugeinlagen machen, um den Ball übers Netz zu befördern. Mit schnellen Drehungen und Sprüngen versuchen die Spieler, den Ball im Spiel zu halten. Füße, Kopf, Knie und Ellbogen dürfen zum Einsatz kommen, aber niemals die Hände.

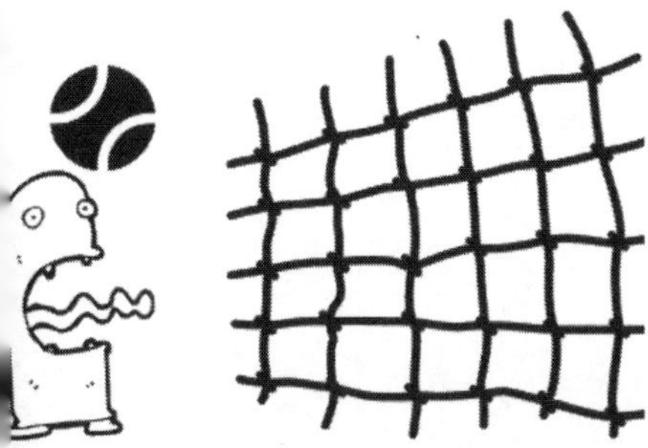

Dean Karnazes und seine Ultramarathons

Manche Menschen wagen sich an Extreme heran, die die meisten Menschen für unmöglich halten. In der Welt des Ultramarathons hat der Sportler Dean Karnazes große Berühmtheit erlangt. Er absolvierte viele Ausdauerläufe, darunter das Laufen von mehreren Marathons hintereinander. Sogar 50 Marathons in 50 aufeinanderfolgenden Tagen schaffte er. Karnazes ist auch durch die Wüste des Death Valley bei über 50 Grad Celsius gerannt. Außerdem durchquerte er die Antarktis bei eisigen Temperaturen. Seine unglaubliche Stärke hat ihn zu einem Vorbild für Ausdauersportler auf der ganzen Welt gemacht.

Hockey im kühlen Nass

Unterwasserhockey ist eine besondere Sportart, bei dem die Teilnehmer sich schon während des Spiels erfrischen. Da sich die Spieler unter Wasser aufhalten, kommen sie nicht so leicht ins Schwitzen. Die Teilnehmer tauchen mit Flossen, Schnorcheln und einem Schläger ausgestattet in ein Schwimmbecken ab. Das Ziel des Spiels ist, einen schweren Puck mithilfe des Schlägers ins gegnerische Tor zu befördern. Unterwasserhockey erfordert nicht nur Ausdauer und Geschick, sondern auch gute Tauchfähigkeiten.

Das längste Tennismatch aller Zeiten

2010 fand bei den Wimbledon Championships das längste Tennismatch statt. John Isner aus den USA und Nicolas Mahut aus Frankreich trafen in der ersten Runde aufeinander. Das Spiel dauerte unglaubliche 11 Stunden und 5 Minuten und verteilte sich über drei Tage. Am Ende gewann John Isner mit einem Punktestand von 70-68. Dieses nicht enden wollende Duell ging in die Geschichte ein und übertraf alle Rekorde in der Tenniswelt.

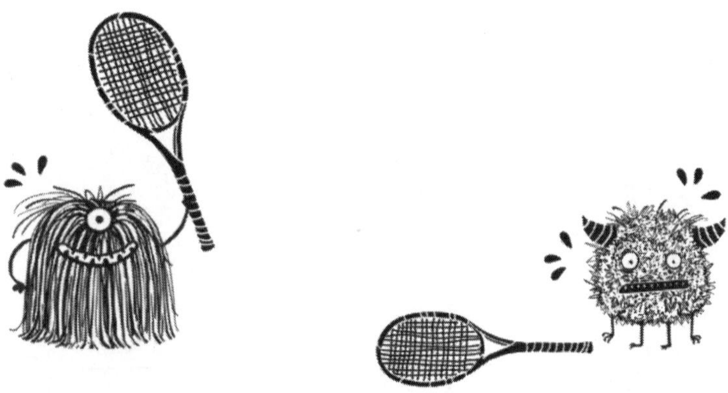

Die Sprintkönigin Florence Griffith-Joyner

Die schnellste Frau der Welt Florence Griffith-Joyner, auch bekannt als Flo-Jo, war eine amerikanische Leichtathletin. Sie hält bis heute den Weltrekord über 100 Meter für Frauen, den sie bei den Olympischen Spielen 1988 in Seoul aufstellte. Ihre Zeit von 10,49 Sekunden ist ein Rekord, der seit über 30 Jahren nicht gebrochen wurde. Florence Griffith-Joyner war nicht nur für sportliche Höchstleistungen bekannt, sondern auch für ihre bunten und auffälligen Outfits.

Die Schwimmerin, die keine Grenzen kennt

Trischa Zorn ist eine der erfolgreichsten Athletinnen in. der Geschichte der Paralympics. Die Paralympics sind internationale Veranstaltungen, bei der Athleten mit körperlichen Beeinträchtigungen antreten. Die sehbehinderte Schwimmerin Trischa Zorn hat insgesamt 55 Paralympics-Medaillen gewonnen. Davon waren 41 Goldmedaillen, 9 Silbermedaillen und 5 Bronzemedaillen. Sie stellte auch 14 Weltrekorde auf. Ihre Karriere erstreckte sich über mehrere Paralympics-Spiele, von 1980 bis 2004. Die Erfolgsgeschichte inspiriert Menschen mit Behinderungen auf der ganzen Welt.

KRASSE STORYS ÜBERS ESSEN

Die süßen Goldbären

1922 kocht der Bonbon-Hersteller Hans Riegel in Bonn die ersten Goldbären. Die Rezeptur aus Zucker, Gelatine und Fruchtsaft wird bis heute geheim gehalten. Das deutsche Unternehmen Haribo verkauft seine Produkte auf der ganzen Welt. Der Name Haribo ist ein Kürzel aus dem Namen **Ha**ns **Ri**egel **Bo**nn. Auch der Werbespruch „Haribo macht Kinder froh" wurde seit Beginn nicht mehr geändert. Später kam noch der Zusatz „und Erwachsenen ebenso" hinzu.

Die Kraft der Spinatblätter

In den 1920er Jahren erlangte Spinat wegen einer Comicfigur namens Popeye weltweit Bekanntheit. Popeye war ein starker Seemann, der vom Spinatessen unglaublich viel Kraft bekam. Wusstest du, dass Ernährungsexperten einen großen Fehler beim Thema Spinat gemacht haben? Aufgrund eines simplen Rechenfehlers ging man davon aus, dass Spinat extrem viel Eisen enthält. Eisen ist wichtig für einen gesunden Körper. Bei Berechnungen setzten Experten das Komma falsch, sodass der Eisenwert viel höher ausfiel, als er tatsächlich war. Trotzdem hält sich der Irrglaube über die Eisen-Power bis heute. Auch wenn wenig Eisen im Spinat zu finden ist, zählen die grünen Blätter dank vieler anderer Bestandteile zu den gesündesten Gemüsesorten.

Der gigantische Burger

In Las Vegas wurde 2017 der größte Burger der Welt kreiert - ein echtes Monsterding! Das Team des Restaurants Juicys Outlaw Grill arbeitete unermüdlich daran, den leckeren Burger so groß wie möglich hinzubekommen. Der Riesenburger hatte am Ende einen Durchmesser von 3,3 Meter und wog 1.134 Kilogramm. Dafür landeten über 270 Kilogramm Rindfleisch, 23 Kilogramm Tomaten und 22 Kilogramm Salat im Burger. Viele Menschen freuten sich, als das leckere Mahl zum Essen freigegeben wurde.

Die Leckerei, die niemals verdirbt

Hast du schon davon gehört, dass Honig niemals schlecht wird? Das ist wahr. Archäologen haben in ägyptischen Gräbern Honig gefunden, der über 3.000 Jahre alt und immer noch essbar war. Das Geheimnis liegt in der Zusammensetzung des Honigs. Die süße Köstlichkeit besteht aus natürlichem Zucker, Wasser und Enzymen. Besonders Enzyme schützen den Honig vor Bakterien und anderen Mikroorganismen. Die antibakteriellen Eigenschaften machen ihn zu einem langlebigen Lebensmittel.

Die mutigen Bienenzüchter von Nepal

In den entlegenen Bergregionen des Himalaya gibt es eine einzigartige Bienenzucht. Die Imker erklimmen steile Felswände, um die Nester von wilden Bienen zu erreichen. Die fleißigen Bienchen produzieren den Honig in Felsspalten, sodass nur erfahrene Honigjäger das Risiko auf sich nehmen. Ohne spezielle Schutzkleidung ernten sie den Honig, indem sie eine jahrhundertealte Tradition befolgen. Die Menschen in Nepal vertrauen auf die enge Verbindung zwischen Mensch und Natur. Deshalb passieren nur sehr selten Stichverletzungen oder Unfälle.

Der Reis, der keiner ist

Escamoles – dieses Wort löst bei manchen Feinschmeckern ein breites Grinsen aus. Das ungewöhnliche Gericht wird aus den Larven von Ameisen hergestellt. Die Larven schmecken nussig und platzen sanft im Mund. Ameisenkaviar ist in Mexiko seit Jahrhunderten eine Delikatesse. Allerdings kann der Verzehr dieser feinen Köstlichkeit ganz schön ins Geld gehen: Ein Kilogramm des Kaviars kostet ungefähr 100 Euro. Die teuren Ameiseneier sehen aus wie Reis. Einfach mit Zwiebeln, Tomaten, Chilischoten und Öl mischen, in einer Pfanne braten und auf einer Tortilla (Maisfladen) servieren – Guten Appetit!

Wenn Cola zur Rakete wird

Kennst du ein Experiment, bei dem Cola wie eine Rakete in die Luft schießt? Alles, was du dafür brauchst, ist eine Cola-Flasche und ein paar Mentos-Bonbons. Wenn du die Mentos in die Flasche gibst, reagiert die Kohlensäure sofort mit ihnen und erzeugt eine riesige Menge an Gas. Kurz darauf schießt die Cola mit großer Wucht aus der Flasche. Ein spritziges Erlebnis, das du am besten nur im Freien ausprobierst.

Eine feurige Herausforderung

In den USA gibt es jedes Jahr einen Chili-Wettbewerb, den „The Scoville Showdown". Teilnehmer aus aller Welt essen verschiedene Sorten von Chilischoten, die von mild bis extrem scharf reichen. Der Rekord für den Verzehr der schärfsten Chili liegt bei 1,57 Millionen Scoville-Einheiten! Scoville ist eine Skala zur Abschätzung der Schärfe. Zum Vergleich: Gemüsepaprikas liegen bei circa 10 Scoville und Peperoni bei ungefähr 500 Scoville. Übrigens hat die schärfste Chilisauce der Welt einen Wert von 9 Millionen Scoville und heißt „Mad Dog 357 No.9 Plutonium".

Die kostbare Welt der Gewürze

Schon vor langer Zeit wurden Gewürze wie Zimt, Nelken und Muskatnuss wertvoller als Gold angesehen. Wusstest du, dass man mit einigen Gewürzen bezahlen konnte? In der Geschichte gab es sogar Gewürzstraßen, auf denen Kaufleute weit reisten, um exotische Gewürze zu handeln. Aufgrund der Seltenheit und des exotischen Geschmacks waren Zimt & Co. äußerst begehrt. Die Gewürze mussten über große Entfernungen hinweg beschafft werden, was ihren Wert steigerte. Dies führte dazu, dass sie teurer als Gold waren.

Der magische Kakao

In Mittelamerika, genauer gesagt in Mexiko, wurde vor langer Zeit ein Getränk mit dem Namen Xocoatl entdeckt. Das Getränk war eine köstliche Mischung aus gerösteten Kakaobohnen, Wasser und Gewürzen. Die Maya und Azteken liebten Xocoatl nicht nur wegen seines Geschmacks. Die Ureinwohner glaubten, dass der Kakao übernatürliche Kräfte verlieh. Durch den Genuss von Xocoatl fühlten sich die Menschen tief verbunden mit der Natur.

Feinster Stinkekäse aus Frankreich

In Frankreich mögen viele Feinschmecker einen Käse namens Epoisses. Dieser ist für seinen intensiven Geruch bekannt. Der Müffelkäse riecht so stark, dass man ihn in manchen öffentlichen Verkehrsmitteln nicht mitnehmen darf. Das Aroma macht sich sonst im Nullkommanichts in Bus, Bahn und Flugzeug breit. Die Folge: Menschen fühlen sich davon belästigt und ihnen wird übel. Damit das nicht passiert, genießen Käse-Liebhaber den feinen Epoisses lieber zu Hause.

Der Detektiv im Gesicht

Wer passt genau auf und wägt ab, was in unserem Mund landet? Wenn deine Antwort „die Nase“ ist, dann liegst du richtig! Was dem Riecher nicht passt, bleibt meist draußen. Die Nase ist sehr sensibel und kann unglaublich viele Gerüche erkennen. Sobald wir Nahrung zu uns nehmen, gelangen winzige Partikel in der Nase. Dann senden spezielle Rezeptoren Signale an unser Gehirn, damit wir den Geschmack intensiver wahrnehmen. Geruchs- und Geschmackssinn sind wie Geschwister, die zusammenhalten und nur angenehme Dinge akzeptieren.

Wenn Kürbisse das Fliegen lernen

„Pumpkin Chunkin“ ist nicht der neue Song deiner Lieblingsband, sondern eine beliebte Tradition in den USA. Bei diesem Event treten Teams mit selbstgebauten Maschinen gegeneinander an, um Kürbisse möglichst weit weg zu schleudern. Die Teilnehmer übertreffen sich immer wieder, indem sie in verschiedenen Kategorien neue Rekorde aufstellen. Der bisherige Rekord liegt bei erstaunlichen 1,5 Kilometern! Was ist eigentlich dein Lieblingssong? Vielleicht ist genau jetzt der richtige Zeitpunkt, dein Lieblingslied abzuspielen.

Die süße Riesin

Eine riesige Wassermelone hat im Jahr 2013 einen besonderen Rekord geschafft. In Tennessee (USA) wurde die Mega-Melone so groß, dass sie ein Gewicht von 159 Kilogramm erreichte. Das ist so schwer wie ungefähr drei erwachsene Menschen! Sicherlich wäre das genug Melonensaft für mehrere Schulklassen. Diese gigantische Frucht zeigt, was für krasse Dinge die Natur erschaffen kann.

Islands Gammelhai

Hákarl zählt zu den Spezialitäten aus der isländischen Küche, die viele Leute abstoßend finden. Die Zubereitung ist äußerst speziell: Der Hai wird zunächst gehäutet und dann für mehrere Monate in eine Erdgrube gelegt. Durch diesen Prozess entwickelt der Hai einen fauligen Geruch, der bei den meisten Menschen Ekel auslöst. Dennoch mögen einige Feinschmecker den Gammelhai. Das gummiartige Fleisch soll so ähnlich wie Matjes schmecken. Würdest du den besonderen Fisch in Richtung Mund wandern lassen?

Die kreativen Radieschen von Mexiko

Die „Nacht der Radieschen" findet jedes Jahr am 23. Dezember in der mexikanischen Stadt Oaxaca statt. Einen Tag vor Heiligabend machen sich die Einwohner an die Arbeit, indem sie aufwendige Kunstwerke aus Radieschen schnitzen. Im Original trägt die lustige Tradition den Namen „La Noche de los Rábanos". Oft entstehen prächtige Skulpturen, die an die mexikanische Geschichte oder an Alltagssituationen erinnern. Die Veranstaltung begann im 18. Jahrhundert mit dem Ziel, mehr Radieschen zu verkaufen. Heute lockt die Radieschen-Nacht viele Besucher aus aller Welt an.

Der Wackelpudding aus Fleisch

In Teilen Russlands, insbesondere in Sibirien, gibt es ein traditionelles Essen namens Kholodets. Dahinter verbirgt sich eine wabbelige Masse, die aus Schweinefüßen, Rinderohren oder Hühnerfüßen hergestellt wird. Diese Fleischteile kochen stundenlang vor sich hin. Irgendwann bildet sich eine schwabbelige Masse. Dann kommen Gemüse und Gewürze hinzu. Die fertige Mischung kühlt in kaltem Wasser ab, bis sie fest ist. Kholodets wird häufig zu Feierlichkeiten wie Hochzeiten oder Silvester serviert.

Lecker und tödlich

Wer in Japan eines der teuersten Fischgerichte der Welt bestellt, zahlt wohl auch den Nervenkitzel mit. Nur Luxusrestaurants servieren „Fugu", den stacheligen Kugelfisch. Von der Delikatesse darf nur das weiße Muskelfleisch gegessen werden. In der Haut und den Innereien steckt ein tödliches Gift. Fachleute, die diese Spezialität zubereiten, müssen zuvor eine zweijährige Ausbildung absolvieren. Roh kostet der Kugelfisch rund 500 Euro pro Kilogramm. Es geht noch teurer (und weniger gefährlich): Ein 278 Kilogramm schwerer Blauflossenthunfisch wurde 2019 in Tokio für 2,7 Millionen Euro verkauft - ein Kilopreis von 9.700 Euro.

Der edle Tropfen

Trinkwasser fließt bei uns in guter Qualität fast zum Nulltarif aus dem Wasserhahn. Allerdings kann man Wasser auch in ein Luxusprodukt verwandeln. Der norwegische Trinkwasserhersteller Svalbarði verlangt für eine 0,75-Liter-Flasche 85 Euro. Der Nobeltropfen wird aus dem Eisberg im 1.000 Kilometer vom Nordpol entfernten Kongsfjord gemeißelt. Eine eigens dafür entwickelte Maschine schmilzt das Eis. Danach ist Handarbeit gefragt, denn das Wasser wird von Hand abgefüllt.

DIE WELT DER REKORDE

Träume kennen kein Alter

Am Tag ist sie Chefin eines japanischen Restaurants, bei Nacht ein Star in der Musikszene. Sumiko Iwamuro ging ihrem Traum nach und absolvierte im Alter von 77 Jahren einen DJ-Kurs. Seit 2018 gilt sie nun schon als die älteste DJ der Welt. Heute ist Iwamuro, die als DJ Sumirock in Tokio auflegt, über 80 Jahre alt. Die jungen Leute lieben ihren sympathisch-verrückten Style. 2022 erschien sogar eine Dokumentation über DJ Sumirock in der Netflix-Serie „Asien um Mitternacht".

Geht nicht gibt's nicht

Maiko Kiesewetter erlangte im Jahr 2009 Berühmtheit, als er in der ZDF-Kultshow „Wetten, dass...?" einen großartigen Rekord schaffte. Der Trick bestand darin, 50 Dartpfeile mit großer Kraft auf eine Holzwand zu werfen und dann auf diesen Pfeilen hochzuklettern. Zu diesem Zeitpunkt war Maiko Kiesewetter erst 13 Jahre alt. Tatsächlich erreichte er sein Ziel, indem der Junge auf seinen Pfeilen fünf Meter in die Höhe kletterte. Alle Experten haben vorhergesagt, ein 13-Jähriger hätte überhaupt nicht die Kraft, die Pfeile fest genug zu werfen. Da lagen sie wohl falsch.

Das superkuschelige Schaf

In der kleinen australischen Stadt Oatlands wurde ein außergewöhnlicher Weltrekord gebrochen: Das Schaf mit dem Namen Chris trug den dicksten Wollmantel aller Zeiten. Nachdem Chris fünf Jahre lang ohne Schur lebte, erreichte seine Wolle ein Gewicht von 41,1 Kilogramm! Als Chris eine flotte Frisur vom Schafscherer bekam und die Wolle zu Boden fiel, freuten sich alle Beteiligten. Der riesige Wollhaufen hätte gereicht, um 86 Männeranzüge herzustellen. Chris wurde dadurch nicht nur erleichtert, sondern erlangte auch internationale Bekanntheit. Endlich konnte das Schaf wieder locker-leicht umherspringen.

Mit einem Küsschen zum Rekord

Ein thailändisches Paar brach im Jahr 2013 den Weltrekord für den längsten Kuss aller Zeiten. Ekkachai und Laksana Tiranarat küssten sich 58 Stunden, 35 Minuten und 58 Sekunden lang. Der Rekord wurde im Rahmen eines Wettbewerbs in Pattaya, Thailand, aufgestellt. Dabei mussten die Teilnehmer ihre Lippen ohne Unterbrechung aneinanderpressen. Das Paar übertraf den damaligen Rekord um mehr als zwei Stunden. Danach gab es erstmal eine lange Kusspause, damit sie sich von den Strapazen erholen konnten.

Wenn Türme an Wolken kratzen

Seit April 2008 ist er das höchste Bauwerk der Welt: der Burj Khalifa in Dubai. Das Gebäude besitzt weltweit die meisten Etagen (163) und auch das höchstgelegene nutzbare Stockwerk. Das Riesenbauwerk berührt mit seinen 828 Metern den Himmel – so wirkt es zumindest. Doch Dubai wagt sich noch höher. Gerade einmal ein Jahr später begannen die Bauarbeiten für den Dubai Creek Tower. Der überdimensionale Tower soll eine Höhe von über 1.300 Metern erreichen und 2024 fertig sein. Welches Gebäude ist denn das höchste in Deutschland? Der Commerzbank Tower in Frankfurt am Main hält den Rekord als der höchste deutsche Wolkenkratzer. Mit einer Höhe von 259 Metern und 56 Etagen sieht das Gebäude wie der kleine Bruder vom Burj Khalifa aus.

Der Mann aus dem Eis

Wim Hof ist ein niederländischer Extremsportler, der 26 internationale Rekorde im Ertragen von Kälte hält. Er brach zum Beispiel den Rekord für das längste Eisbad mehrmals selbst: Eine Stunde, 52 Minuten und 42 Sekunden stand er bis zum Hals in Eiswasser. Seine Erfolge führt Wim Hof auf die von ihm entwickelte Atemmethode zurück. Im Februar 2009 erklomm er, lediglich mit Shorts und Schuhen bekleidet, innerhalb von zwei Tagen den Gipfel des Kilimandscharo. Im selben Jahr lief der Extremsportler in Finnland innerhalb von fünf Stunden und 25 Minuten einen Marathon. Hierbei trug er trotz Temperaturen von minus 20 Grad Celsius abermals nur Sandalen und Shorts. Hof gibt an, Hitze ebenso gut ertragen zu können wie Kälte. So lief er im September 2011 in der Wüste Namib einen Marathon, ohne währenddessen Wasser zu trinken.

Der längste Motorrad-Salto

Am 29. April 2011 erzielte der Motocross-Fahrer Robbie Maddison aus Australien einen spektakulären Weltrekord, indem er den längsten Salto mit einem Motorrad absolvierte. Er sprang mit seinem Motorrad 98,34 Meter weit und übertraf damit den vorherigen Rekord um mehr als 20 Meter. Dieser faszinierende Stunt fand in London statt und brachte Maddison einen Eintrag ins Guinness-Buch der Rekorde ein. Sein präziser Sprung zeigte, was mit viel Training und Begeisterung möglich ist.

Wenn man schnell und lange flitzen kann

Wenn jemand Ausdauer und Schnelligkeit supergut vereinen kann, dann Eliud Kipchoge aus Kenia! Er hält den Rekord für den schnellsten Marathon aller Zeiten. Im Jahr 2022 lief der Sportler den Berlin-Marathon (42,195 Kilometer) in einer Zeit von 2 Stunden, 1 Minute und 9 Sekunden. Damit brach Eliud Kipchoge seinen eigenen Weltrekord aus dem Jahr 2018 um 30 Sekunden. 2023 siegte Kipchoge zum fünften Mal beim Marathon in Berlin. Und bei den Damen? Die Äthiopierin Tigst Assefa stürmte 2023 nach sensationellen 2 Stunden, 11 Minuten und 53 Sekunden ins Ziel - Weltrekord! Das geschah ebenfalls beim Berlin-Marathon.

Der Mann aus dem Weltall

Felix Baumgartner aus Österreich hat am 14. Oktober 2012 den Rekord für den höchsten freien Fall aufgestellt. Baumgartner wagte einen Weltraumsprung von 39.045 Metern Höhe. Dabei erreichte er eine Geschwindigkeit von 1.357,6 Kilometern pro Stunde. Das aufwendige Vorhaben brachte viele Risiken mit sich. Die größte Herausforderung war die extreme Geschwindigkeit und Temperaturveränderung. Der Sportler durchbrach die Schallmauer, was zu enormer Hitze führte. Die Temperatur stieg von etwa Minus 70 Grad auf über 540 Grad Celsius. Außerdem verlor Baumgartner zeitweise die Kontrolle über seine Flugposition. Glücklicherweise landete er nach etwa 9 Minuten sicher auf der Erde.

Einmal allein um die Welt

Der französische Segler François Gabart hält den Weltrekord für die schnellste Weltumsegelung. Das Besondere daran: Er segelte allein, ohne Teammitglieder. Im Jahr 2017 startete Gabart und nach 42 Tagen, 16 Stunden, 40 Minuten und 35 Sekunden hatte er den Rekord geknackt. Der leidenschaftliche Sportler segelte dabei mehr als 50.000 Kilometer um den Globus.
Auf diese Tour hatte er sich lange und professionell vorbereitet. Dennoch empfand der Rekordsegler die Reise zeitweise als Höllentrip: Schlafstörungen, Alleinsein und Riesenwellen waren die größten Probleme.

Der Junge, der hoch hinaus wollte

Immer mehr Bergsteiger wagen es, den höchsten Berg der Welt zu erklimmen. Der junge Gipfelstürmer Jordan Romero aus den USA hält den Weltrekord als der jüngste Mensch, der den Mount Everest bezwungen hat. Im Alter von nur 13 Jahren erreichte Romero am 22. Mai 2010 den Gipfel. Er übertraf damit den bisherigen Rekord, der von der damals 15-jährigen Ming Kipa aus Nepal aufgestellt wurde. Dieser Erfolg inspirierte viele junge Leute weltweit: Auch Kinder sind in der Lage, außergewöhnliche Aufgaben zu meistern.

Der schnellste Sprint der Geschichte

Sagt dir der Name Usain Bolt etwas? Dahinter verbirgt sich eine Legende aus der Welt des Sports. Der jamaikanische Sprinter liebte Leichtathletik und trainierte unentwegt. Sein Fleiß und Talent zahlten sich aus, denn Bolt hält bis heute den Weltrekord für den schnellsten 100-Meter-Lauf. Während der Leichtathletik-Weltmeisterschaften am 16. August 2009 in Berlin rannte er eine Zeit von 9,58 Sekunden. Die Höchstgeschwindigkeit, die er während des Laufs erreichte, lag deutlich über 40 Kilometer pro Stunde.

Wenn ein Rekord den nächsten jagt

Rocco Mercurio hat im Januar 2021 den Weltrekord für das Halten von 25 Tassen in einer Hand aufgestellt. Doch diese Leistung sollte nicht der einzige Rekord bleiben. Für den Italiener sind ungewöhnliche Weltrekorde eine große Leidenschaft. Unter anderem hält er den Titel für das Befüllen der meisten Eiswaffeln in 60 Sekunden. Mercurio schaffte es, 22 Eiswaffeln in nur einer Minute zu bestücken. Außerdem übte er lange, so viele Münzen wie möglich gleichzeitig zu drehen. Das Ergebnis: Der Italiener brach den Rekord, indem sieben Münzen zur exakt gleichen Zeit herumwirbelten. Des Weiteren war Mercurio ein großer Poker-Fan. So kam er auf die Idee, Pokerchips auf dem Finger zu balancieren. Mit 200 gestapelten Pokerchips auf einem Finger demonstrierte er seinen nächsten Rekord.

Weltrekord im Luftanhalten und Tauchen

Keine Frau kann mit nur einem Atemzug so tief tauchen wie die Deutsche Jennifer Wendland – nämlich 93 Meter tief. Die Deutsche hält den Weltrekord im Apnoetauchen. Apnoetauchen ist Tauchen mit nur einem Atemzug. Drei Minuten und sieben Sekunden hat Jennifer die Luft angehalten. Das funktioniert nicht von heute auf morgen. Wer ungeübt übermäßig lange die Luft anhält oder tief taucht, kann sich verletzen. Damit die Sportlerin diesen Rekord erreichen konnte, brauchte sie sehr viel Training. Jennifer Wendland hat vor etwa zehn Jahren mit dem Apnoetauchen begonnen. Sie trainiert vor Wettkämpfen mindestens vier Stunden täglich.

Der höchste Kirchturm der Welt

Jetzt geht es um ein Rekordgebäude, das in Deutschland in den Himmel ragt. Das Ulmer Münster ist mit 161,53 Metern der höchste Kirchturm weltweit. Wenn Touristen die Aussichtsplattform besuchen wollen, müssen sie 768 Treppenstufen hinaufsteigen. Einen Aufzug sucht man dort vergebens. Wer den Weg auf sich nimmt, wird mit einem wundervollen Ausblick belohnt. Der Bau des Münsters begann im 14. Jahrhundert und dauerte über 500 Jahre.

Siebenmal vom Blitz getroffen

Das Leben von Roy Sullivan war gefährlich: Der Wildhüter ist der Mensch, der am meisten vom Blitz getroffen wurde. Keiner dieser Zwischenfälle kostete dem Amerikaner das Leben. Wie durch ein Wunder überlebte Sullivan alle Blitzeinschläge. Das Risiko, dass ein Mensch so oft vom Blitz getroffen wird, ist statistisch gesehen viel geringer als ein Lottogewinn. Allerdings arbeitete Sullivan als Ranger in einem Nationalpark und hielt sich somit stets unter freiem Himmel auf. Bis heute können sich Wissenschaftler nicht erklären, wie Sullivan die Blitze überstehen konnte.

Wenn Haare keine Schere kennen

Die Haare der Chinesin Xie Qiuping sind überdimensional lang. Mit einer Länge von 5,62 Metern wurde sie 2004 zur Frau mit den längsten Haaren der Welt gekürt. Sie begann ihr Haar im Alter von 13 Jahren sprießen zu lassen. Einen Friseursalon kennt Xie Qiuping nur von außen. Radha Kant Bajpai aus Indien hält mit seinen Haaren auch einen Rekord – allerdings geht es um seine Haare im Ohr. Der Mann mit den längsten Ohrhaaren weltweit pflegt seine 27,9 Zentimeter langen Haare jeden Tag. Bei der Länge sind die Härchen nicht zu übersehen, denn diese ragen imposant aus seinen Lauschern heraus.

Der treue Besucher

Jeff Reitz hat das gemacht, wovon viele Kinder träumen. 2.995 Tage nacheinander ging er ins Disneyland im kalifornischen Anaheim. Geplant war das nie. Nun hält er einen Weltrekord, der wohl unübertroffen bleiben wird. Er war 8 Jahre, 3 Monate und 13 Tage jeden Tag Besucher im berühmten Vergnügungspark. Angefangen hat Jeff Reitz damit 2012. Der Amerikaner war damals arbeitslos. Damit er trotzdem regelmäßig aus dem Haus kam und in Bewegung blieb, spazierte er täglich durchs Disneyland. Die Jahreskarte hatte Reitz zuvor geschenkt bekommen.

Die längsten Fingernägel

Den Rekord für die längsten natürlichen Fingernägel hält Lee Redmond aus den USA. Von 1979 bis 2009 ließ sie ihre Fingernägel wachsen. Redmond pflegte ihre Nägel sorgsam, sodass diese 8,65 Meter lang werden konnten. 2009 verlor sie ihre Nägel bei einem Autounfall. Die Amerikanerin sagte, dass der Verlust ihrer Nägel der schlimmste Moment in ihrem Leben gewesen sei. Dennoch findet sie es nun schön, alltägliche Dinge zu tun, die mit den meterlangen Nägeln unmöglich waren.

DIE MAGIE DER MUSIK

Der unendliche Gitarrenmarathon

Der Musiker David Browne hält den Rekord für den längsten Gitarrenmarathon, bei dem er ununterbrochen Gitarre spielte. Unglaubliche 114 Stunden und 6 Minuten lang hielt er durch. Das waren fast 5 Tage! Während des Marathons spielte er mehr als 900 Songs und sorgte so für eine abwechslungsreiche Show. Danach kribbelten seine Finger so sehr, dass es Browne schwerfiel, die Hände ruhig zu halten.

Das längste Lied der Welt

"The Rise and Fall of Bossanova" – so heißt der längste Song weltweit. Die Band PC III aus den USA komponierte das Stück. Das Lied hat eine Länge von 13 Stunden, 23 Minuten und 32 Sekunden. Hast du Lust und Zeit, reinzuhören? Dann schau bei Spotify oder einem anderen Musikstreaming-Anbieter vorbei. Das besondere Musikstück besteht aus vielen verschiedenen Abschnitten. Wenn du es von Anfang bis Ende hören möchtest, brauchst du einen ganzen Tag dafür. Also besser genug Snacks und Getränke bereithalten.

Ed Sheeran und sein Traum

Der Engländer Ed Sheeran haut regelmäßig Megahits raus. Mit seiner einzigartigen Stimme und sympathischen Ausstrahlung erobert der Sänger die Herzen der Fans. Ed Sheeran kann nicht nur supergut singen, sondern auch 14 Musikinstrumente spielen. Viele nehmen an, dass der Engländer mit einem außergewöhnlichen Talent geboren wurde. Allerdings sieht das Ed Sheeran anders. Als Beweis spielte er in einem Interview eine Aufnahme von seiner Anfangszeit als Sänger vor. Zu hören waren viele schiefe Töne. Als Teenager arbeitete er unentwegt an seiner Stimme und startete als Straßenmusiker. Seine Liebe zur Musik war so groß, dass er fest an seinen Erfolg glaubte.

Von der Bühne zur Natur

Harry Styles ist nicht nur für seine mitreißende Musik bekannt. Neben seiner musikalischen Karriere setzt er sich für den Schutz der Umwelt ein. Harry Styles trägt oft Mode aus recycelten Materialien. Damit möchte er die Aufmerksamkeit auf den Naturschutz lenken. Zudem unterstützt der Künstler Projekte, die sich für die Umwelt und gegen den Klimawandel einsetzen. Harry Styles inspiriert andere Menschen und nutzt seinen Promi-Status, um wichtige Dinge anzugehen.

Superstar mit Riesenherz

Rihanna gründete 2012 die Clara Lionel Foundation. Das ist eine Organisation, die sich für Bildung, Gesundheit und Katastrophenhilfe einsetzt. Besonders die Chance auf Bildung für Mädchen weltweit liegt ihr am Herzen. Die Künstlerin unterstützt mit ihrem Vermögen viele Schulen in ärmeren Ländern. Rihanna möchte dabei helfen, die Welt zu einem besseren Ort zu machen. Neben Rihanna gibt es noch viele weitere Stars, die Gutes voranbringen.

Wie Hip-Hop die Welt bewegt

Zu den erfolgreichsten Hip-Hop-Künstlern aller Zeiten zählen Stars wie Eminem, Kanye West, Snoop Dogg und Jay-Z. Hip-Hop beschreibt mehr als nur eine Musikrichtung. Hip-Hop entstand in den 1970er Jahren in den Straßen von New York City. Viele wissen nicht, dass Hip-Hop verschiedene Themen umfasst, darunter Rap, DJing, Breakdance und Graffiti-Kunst. Die Hip-Hop-Kultur hat nicht nur die Musikwelt geprägt, sondern auch Mode, Sprache und soziale Themen beeinflusst. Die Künstler erzählen oft Geschichten über ihr Leben und von Problemen, denen sie begegnen.

Schnell, schneller, am schnellsten

Der Rapper Eminem hat etwas Unglaubliches geschafft: Er nahm den schnellsten Rap-Song aller Zeiten auf. In nur sechs Minuten und drei Sekunden hat er 1.560 Wörter gepackt. Das sind durchschnittlich 4,28 Wörter pro Sekunde! Sein Song "Rap God" ist nicht nur ein Meisterwerk, sondern hat auch einen Eintrag im Guinnessbuch der Rekorde erhalten. Eminem beweist, dass mit Übung und Leidenschaft ganz viel möglich ist. Auch Künstler wie Busta Rhymes oder Twista rappen in Höchstgeschwindigkeit.

Legenden, die die Musikwelt eroberten

Die Beatles gelten als eine der erfolgreichsten Musikgruppen aller Zeiten. Mit über 600 Millionen verkauften Platten weltweit schrieben sie Musikgeschichte. Auch Solokünstler haben faszinierende Rekorde aufgestellt. Los geht's mit Elvis Presley. Der Musiker verkaufte über 1 Milliarde Alben und hatte über 150 Hits in den Charts. Ein weiterer Rekordhalter ist Michael Jackson, der mit seinem Album „Thriller" das meistverkaufte Album aller Zeiten schuf. Whitney Houston ist die einzige Künstlerin, die sieben aufeinanderfolgende Nummer-1-Hits in den US-Charts hatte.

Wenn die teuerste Geige der Welt verschwindet

Die teuerste Geige der Welt, die Stradivari Vieuxtemps aus dem Jahr 1741, wurde einmal vom berühmten Geiger Philippe Quint in einem New Yorker Taxi vergessen. Zum Glück fand der ehrliche Taxifahrer das wertvolle Instrument und brachte es umgehend zurück. Quint war so dankbar, als er die Geige unbeschadet in den Händen hielt. Die Stradivari Vieuxtemps gilt als eine der teuersten Geigen der Welt. Das Instrument wurde für einen Preis von rund 16 Millionen US-Dollar verkauft.

Die Verwandlung von Lady Gaga

Der richtige Name von Lady Gaga ist Stefani Joanne Angelina Germanotta. Doch als sie ihre Musikkarriere begann, wählte sie den ungewöhnlichen Künstlernamen. Aber wieso eigentlich Lady Gaga? Das Lied „Radio Ga Ga" der Band Queen inspirierte sie. Die Künstlerin fand den Song so cool und einprägsam, dass sie sich im Nullkommanichts den Namen Lady Gaga gab. Ein weiterer besonderer Fakt über Lady Gaga: Sie gewann im selben Jahr sowohl einen Oscar als auch einen Grammy für die beste Filmmusik. Der Song „Shallow" aus dem Film „A Star is Born" geht wirklich unter die Haut.

Die unglaubliche Taylor Swift

Bist du vielleicht ein Fan von Taylor Swift? Taylor Swift hat es geschafft, in nur einer Woche sage und schreibe 1,29 Millionen Alben zu verkaufen. Das ist die höchste Verkaufszahl, die jemals in einer Woche für ein Album erreicht wurde. Ihr Album mit dem Titel „1989" wurde von Fans auf der ganzen Welt gefeiert. Außerdem hat die US-Musikerin beim Musikstreaming-Marktführer Spotify einen weiteren Rekord aufgestellt. Taylor Swift ist die erste Künstlerin in der Geschichte von Spotify, die 100 Millionen monatliche Zuhörer hat.

Mit Engelsstimme auf Erfolgskurs

Ariana Grande besitzt ein besonderes Gesangstalent: Ihre Stimme hat einen Umfang von vier Oktaven. Das bedeutet, sie kann sowohl sehr hohe als auch tiefe Töne perfekt singen. Dadurch setzt sie schwierige Gesangstechniken mühelos um. Auch andere Künstler wie The Weeknd oder Lady Gaga sind beeindruckt von Grandes Stimme. Viele Stars veröffentlichten gemeinsam mit Ariana Grande wundervolle Songs.

Der Gitarrist mit den flinken Händen

Der schnellste Gitarrist weltweit heißt John Taylor. Der Amerikaner hat es geschafft, über 1.600 Noten in nur einer Minute zu spielen. Der Gitarrenlehrer spielte den „Hummelflug" des Komponisten Nikolai Rimsky-Korsakov mit 600 Schlägen pro Minute. Mit seinen flinken Fingern bewegte er blitzschnell die Gitarrensaiten. Der Musiker hat jahrelang geübt, um diese Geschwindigkeit zu erreichen. Taylor möchte andere Musiker ermutigen, an Träume zu glauben und daran zu arbeiten.

Wenn Tiere zu Musikern werden

In der Musikwelt gab es Komponisten, die ihre Haustiere mit einbezogen haben. Einer davon war der russische Komponist Dmitri Schostakowitsch. Er hatte eine Katze namens Muisik, die er sehr liebte. Wenn er am Klavier saß und komponierte, sprang Muisik oft auf die Tasten. Da die Katze beim Herumtollen eigenwillige Klänge erzeugte, hatte der Musiker eine Idee: Er nahm die Töne in seine Kompositionen auf. Dadurch klangen einige Musikstücke ungewöhnlich und lustig.

Von Pfefferkörnern zur Pop-Sensation

Wusstest du, dass Nina Chuba nicht nur eine Musikkünstlerin ist, sondern auch in der beliebten Fernsehserie „Die Pfefferkörner" mitgespielt hat? Bevor sie ihren Durchbruch als Musikerin feierte, verkörperte Nina die mutige Emma in der Kinderserie. Mit ihrem schauspielerischen Talent begeisterte sie das Publikum, doch dann entschied sich die Künstlerin für einen anderen Weg. Sie träumte von einer Karriere als Musikerin und setzte alles daran, ihren Traum zu verfolgen. Heute steht sie auf großen Bühnen und veröffentlicht Megahits.

Der kreative Mozart

Wolfgang Amadeus Mozart schrieb schon als 5-jähriges Kind geniale Musikstücke. Seine Ideen für Melodien entstanden oft, während er schlief. Am nächsten Morgen setzte er sich sofort ans Klavier und schrieb die Musik auf, die er im Traum gehört hatte. Mozart ging davon aus, dass seine Lieder bereits in einer anderen Welt existierten. Das musikalische Genie schuf mehr als 600 Werke, darunter Opern, Sinfonien und Kammermusik.

Musik kennt keine Grenzen

Hast du gewusst, dass einer der berühmtesten Komponisten der Geschichte, Ludwig van Beethoven, seine Musik geschrieben hat, obwohl er taub war? Beethoven verlor im Alter von 26 Jahren nach und nach sein Gehör. Doch das hielt ihn nicht davon ab, weiterhin Melodien zu komponieren. Wie hat er das geschafft? Beethoven spürte die Vibrationen der Klaviertasten. Der Komponist ließ sich von seiner Fantasie leiten und schrieb alles haargenau auf. Beethovens Werke sind ein Beweis für seine Liebe zur Musik.

Der ewige Applaus

Im Jahr 1988 erhielt der Opernsänger Luciano Pavarotti tatsächlich 67 Minuten lang ununterbrochenen Applaus. Das geschah in der Deutschen Oper Berlin. Zuvor lauschten die Gäste der Stimme von Pavarotti in dem Stück „Tosca". Die Zuschauer waren so begeistert von seiner Aufführung, dass sie immer weiter Beifall klatschten. Luciano Pavarotti genoss weltweit hohes Ansehen für seine einzigartige Stimme. Neben seinem Talent hatte er auch ein großes Herz. Er gründete die Pavarotti & Friends-Konzertreihe, bei der er mit anderen Künstlern auftrat, um Geld für wohltätige Projekte zu sammeln. Diese Konzerte haben viele Millionen Dollar eingebracht.

Der Körper als Instrument

Mit Musikinstrumenten können wir Klänge erzeugen. Ebenso nutzen wir unsere Stimme, um Lieder zu singen. Aber wusstest du, dass wir mit dem ganzen Körper tolle Lieder kreieren können? Es gibt eine interessante Kunstform namens Bodypercussion, bei der Künstler ihre Hände, Füße und den Mund benutzen. Mit schnippenden Fingern, klatschenden Händen und stampfenden Füßen erschaffen die Musiker Songs, ohne ein einziges Instrument zu berühren.

GESCHICHTEN AUS DER ONLINEWELT

Vom Kleinkind zum Profi-Gamer

Victor De Leon III (alias Lil Poison) hält den Rekord als jüngster professioneller Videospieler. Im Alter von zwei Jahren fand er Gefallen am Spielen und übte unentwegt. So konnte er mit vier Jahren mit den Profis mithalten. Mit sieben Jahren bekam er einen Vertrag mit Major League Gaming. Damit wurde Lil Poison der jüngste unter Vertrag stehende Gamer.

Der schnurrenden Internetstars

Katzen sind die wahren Stars der Onlinewelt. Die schnuckeligen Samtpfoten haben Millionen von Fans auf Social Media-Plattformen erobert. Ihre Videos werden täglich tausendfach geteilt. Schlafende, spielende oder tollpatschige Miezen – Katzen-Clips gehören zu den beliebtesten Themen. Apropos Katzenliebe: In Japan gibt es eine Insel namens Tashirojima, die auch als Katzeninsel bekannt ist. Dort leben mehr Katzen als Menschen! Die Bewohner der Insel glauben, dass Katzen Glück bringen und deshalb sind sie dort überall zu finden.

Mit Freude und Neugier zum Erfolg

Es ist nie zu spät, etwas Neues zu beginnen. Die 1935 geborene Japanerin Masako Wakamiya ist die älteste App-Entwicklerin der Welt. Im Alter von 60 Jahren kaufte sie sich ihren ersten Computer. Drei Monate hat Masako gebraucht, bis sie verstanden hat, wie das Internet funktioniert. Nachdem Masako in den Ruhestand gegangen war, entdeckte sie ihre Leidenschaft fürs Programmieren. Nach einiger Zeit entwickelte Masako eine App namens Hinadan, ein traditionelles japanisches Spiel. Die App kletterte in die Charts und Masako wurde berühmt.

Verrückte Zahlen

Jede Stunde wird auf YouTube über 30.000 Stunden Video-Content hochgeladen. Wenn du versuchen würdest, all diese Videos anzuschauen, bräuchtest du mehr als drei Jahre nonstop. Weitere krasse Zahlen: Die Anzahl der Internetnutzer weltweit wird auf knapp 5,3 Milliarden geschätzt. Insgesamt nutzen fast 5 Milliarden Menschen aktiv Social Media-Plattformen. Rund 85 Prozent der Gesamtbevölkerung in Deutschland ist auf Social Media vertreten.

Der Selfie-König

Schauspieler Akshay Kumar brach 2023 in Mumbai (Indien) den Weltrekord für die meisten Selfies innerhalb von drei Minuten. Mehr als 240 Fans stellten sich in zwei Reihen auf. Das Ziel war, mit so vielen Personen wie möglich ein Foto zu knipsen. Der Künstler nahm in der vorgegebenen Zeit 184 Selfies auf. Damit schlug er den britischen Rekordhalter James Smith um 16 Bilder.

Das fruchtige Internet

Das Internet wiegt ungefähr so viel wie eine Erdbeere – nämlich (fast) nichts. Obwohl es Milliarden von Websites, Fotos und Videos enthält, besteht das Internet hauptsächlich aus elektronischen Signalen. Die Signale werden über Glasfaserkabel und Satelliten transportiert. Daher ist das Gewicht des gesamten Internets so gering, dass man es mit einer kleinen Erdbeere vergleichen kann.

Die Welt der Künstlichen Intelligenz

Wusstest du, dass Künstliche Intelligenz (KI) nicht nur super rechnen kann, sondern auch kreativ arbeitet? Es gibt KI-Systeme, die Gedichte schreiben und geniale Bilder erschaffen. Das ist noch nicht alles, denn KI produziert Musikstücke und Videos, in denen Menschen täuschend echt aussehen. Diese KI-Systeme lernen aus großen Datenmengen und analysieren Muster, um etwas Neues zu kreieren. Nun ein kleiner Sprung zur Medizin: Es gab schon Fälle, in denen Künstliche Intelligenz bestimmte Krankheiten schneller und genauer erkannt hat als Ärzte. Wer weiß, was irgendwann noch alles möglich ist.

Das berühmte Ei

Ein Social Media-Post von einem Ei wurde bekannter als viele Internet-Stars. 2019 hat der Werbeexperte Chris Godfrey das Foto eines Eis bei Instagram gepostet. Auf dem Foto ist lediglich ein braunes Hühnerei zu sehen – mehr nicht. Godfrey bat die Instagram-Community darum, das Bild so oft wie möglich zu liken. Schließlich wollte er mit seinem Ei-Bild den Post der damaligen Rekordhalterin Kylie Jenner übertreffen. Erstaunlicherweise gelang es Godfrey, sehr viele Leute zu erreichen. Es dauerte nicht lange und der Rekord war gebrochen. Über 50 Millionen Likes hat das Ei bekommen! Oft kann man mit einfachen Dingen und verrückten Ideen große Aufmerksamkeit erregen.

Zeit für wichtige Dinge

Mark Zuckerberg, der Gründer von Facebook, zieht fast jeden Tag die gleichen Klamotten an. Er greift in den Kleiderschrank und wählt ein schlichtes T-Shirt (meist in grau) und eine Jeans. Das tut er bewusst: Der Unternehmer möchte so wenig Zeit wie möglich für Dinge aufbringen, die er nicht wichtig findet. Und Mode ist für ihn eben ein belangloses Thema. Zuckerberg lenkt seine Konzentration lieber auf seine Ziele und Träume. Dafür braucht er viel Zeit und Energie. Facebook ist aktuell die größte Social Media-Plattform weltweit. Auch Steve Jobs, Gründer vom Unternehmen Apple, bevorzugte einen einfachen Kleidungsstil: schwarze Rollkragenpullover und Jeans.

Wie alles begann

Wer über Nacht berühmt wird, hat meist jahrelang daraufhin gearbeitet. Die Plattform YouTube stolperte in die Onlinewelt, indem der Gründer im Jahr 2005 ein kurzes Video einstellte. In dem Clip mit dem Titel „Me at the zoo" ist Jawed Karim im Zoo vor einem Elefantengehege zu sehen. Er wirkt schüchtern und erzählt etwas über Elefanten. Heute ist YouTube mit rund zwei Milliarden Nutzern die zweitgrößte Social Media-Plattform der Welt. Neugierig geworden? Dann schau bei YouTube vorbei. Das Video ist noch immer online.

Instagram steht in den Startlöchern

Veränderungen geschehen immer schneller – besonders in der digitalen Welt. Als Kevin Systrom und Mike Krieger das heutige Instagram im Jahr 2010 entwickelten, hieß die App noch Burbn. Die Nutzer hatten die Möglichkeit sogenannte Check-Ins zu markieren. Das war eine Funktion, mit der man den aktuellen Standort teilen konnte. Doch als die beiden Entwickler bemerkten, dass die Foto-Funktion der App besonders beliebt war, änderten sie ihren Plan. Schon bald lag der Fokus auf das Teilen von Bildern. Im Laufe der Zeit hat sich Instagram weiterentwickelt, sodass heute Videos im Vordergrund stehen.

Live in die Welt streamen

Twitch ist die größte Live-Streaming-Plattform der Welt. Doch bevor es dazu kam, war es ein holpriger Weg. Ursprünglich startete Twitch als kleines Nebenprojekt der Streaming-Plattform Justin.tv. Justin.tv streamte über allgemeine Themen und Twitch konzentrierte sich nur auf Videospiele. Der Erfolg von Twitch war so überwältigend, dass es sich 2014 zu einer eigenständigen Plattform entwickelte. Heute kann man bei Twitch nicht nur Live-Videospiele verfolgen. Jeden Tag besuchen über 30 Millionen Menschen die Website, um Livestreams zu verschiedenen Themen anzusehen.

Von Flop zu Top

TikTok startete als Karaoke-App namens Musical.ly. Die App konzentrierte sich auf Musik-Clips, bei denen die Nutzer ihre Lieblingslieder nachsangen und sich selbst filmten. Erst als das chinesische Unternehmen ByteDance Musical.ly kaufte, kam es zu einem wichtigen Wendepunkt. ByteDance entschied sich 2018, die Plattform aufzufrischen und sie in TikTok umzubenennen. Der Schritt zahlte sich aus: TikTok wurde zu einer der am schnellsten wachsenden Social Media-Plattform weltweit. Experten nehmen an, dass die Anzahl der TikTok-Nutzer schon bald die 2-Milliarden-Grenze erreichen wird.

Wenn Spiele verletzen

Ein paar Minispiele aus „Mario Party“ für die Spielkonsole Nintendo 64 hatten es in sich. Der Spielablauf erforderte, dass die Nutzer den Controllerstick so schnell wie möglich mit der Handfläche drehen. Allerdings führte das bei einigen Kunden zu Verletzungen. Daraufhin entschied ein Gericht: Nintendo muss Handschuhe an jeden Käufer herausgeben. Das hätte ungefähr 80 Millionen Dollar gekostet. Doch die Firma hatte Glück, denn nur wenige Käufer kannten das Urteil. Kaum jemand forderte die Handschuhe ein. Somit lagen die Kosten für Nintendo weit unter dem Wert von 80 Millionen Dollar.

Das schlechteste Spiel aller Zeiten

Das Videospiel „E.T. the Extra-Terrestrial" gilt als eines der schlechtesten Spiele in der Geschichte des Gaming. Es wurde im Jahr 1982 veröffentlicht und hatte viele Qualitätsprobleme. Die Grafiken waren mies und die Bedienung zu kompliziert. Der Misserfolg des Spiels war so groß, dass die Firma Atari überschüssige Kopien des Spiels in eine Wüsten-Müllgrube in New Mexico kippte. Lange Zeit später, im Jahr 2014, wurden Hunderte von Kopien wieder ausgegraben. Etliche dieser Spiele wurden zu Sammlerstücken und auf Plattformen wie eBay verkauft. Auch in einigen Museen kann man Exemplare des schlechtesten Videospiels aller Zeiten ansehen.

Wenn Spielfiguren im Real Life auftauchen

Bewegung ist wichtig und Zeit in der Natur ebenso. Doch was passiert, wenn dir draußen echte Gaming-Charaktere entgegenspringen? Dann kommt jede Menge Spaß oder auch Chaos auf! Hier geht's um das beliebte Pokémon Go-Spiel. 2016 legten Hunderte Pokémon Go-Spieler den Verkehr auf einer Straßenkreuzung in Taiwan still, weil dort das seltene Pokémon Relaxo auftauchte. Die Gamer rannten auf die Straße und die Autofahrer mussten warten. Der Erfinder des Pokémon-Universums Satoshi Tajiri ließ sich durch das Fangen von Raupen zu diesem Spiel inspirieren. Als Kind sammelte er die kleinen Tiere und sah zu, wie sie sich entwickelten. Das war der Anfang von etwas Großem.

DIE REISE ENDET, DIE ABENTEUER BLEIBEN

Was ist denn nun los? Schon am Ende angelangt? Noch nicht ganz. Bevor du das letzte Wort dieses Buches liest, bekommst du noch ein paar coole Tipps.

Auf deiner Reise durch die verrückte Welt des Wissens hast du bestimmt Dinge gelesen, die dich begeistern. Und vielleicht gab es Fakten, die du megawitzig fandest. Erzähle deinen Freunden und deiner Familie von spannenden Storys, die du in diesem Buch aufgeschnappt hast. So könnt ihr gemeinsam eine tolle Zeit genießen und eure Freude teilen.

Wie wäre es, wenn du dir eine Challenge ausdenkst oder ein Rätsel aus deinen Lieblingsfakten erstellst? Hier noch eine Idee für dich: Forsche weiter. Wenn dich ein bestimmtes Thema besonders interessiert hat, lese mehr darüber. Vielleicht baust du dir sogar dein eigenes kleines Expertenwissen auf.

Falls du in der Schule ein Projekt machen musst oder einfach nur Spaß daran hast, kannst du die Informationen aus diesem Buch verwenden, um Präsentationen oder Poster zu gestalten.

Die Welt ist voller faszinierender Dinge. Denk daran, Fragen zu stellen, coole Bücher zu lesen und neugierig zu bleiben. Das Wissen ist dein Schlüssel zu einer aufregenden Reise durch das Leben. Halte deine Augen offen für die Wunder, die die Welt für dich bereithält.

Danke, dass du dir die Zeit genommen hast, in diesem Buch zu stöbern. Ich hoffe, du hattest genauso viel Spaß beim Lesen, wie ich es hatte, das Büchlein für dich zu schreiben.

Danke Theo, dass du dich mit mir auf dieses Buch gefreut hast. Es war in den Schreibpausen richtig schön, mit dir Fußball zu kicken. Ich habe dich lieb - bis zur Unendlichkeit und noch viel weiter.

Mit einem Lächeln im Herzen und Abenteuerlust im Gepäck verabschieden wir uns. Bis bald und auf Wiederlesen!

Impressum

Deutschsprachige Erstausgabe Oktober 2023

Leona Jacobs
vertreten durch Katrin Schmidt
Am Michelsbach 37
99817 Eisenach
E-Mail: info@leona-jacobs.de

Herstellung und Druck: Amazon KDP

Printed in Poland
by Amazon Fulfillment
Poland Sp. z o.o., Wrocław

41673887R00098